院士解锁中国科技

王会军 主笔

天有可测风云

中国编辑学会 中国科普作家协会 主编

中国少年儿童新闻出版总社
中国少年兒童出版社

北 京

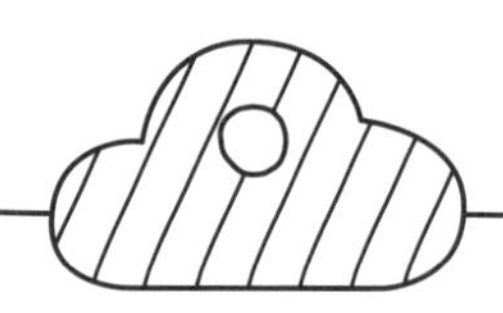

图书在版编目（CIP）数据

天有可测风云 / 王会军主笔. — 北京 ：中国少年儿童出版社，2022.12（2023.2重印）
（院士解锁中国科技）
ISBN 978-7-5148-7824-0

Ⅰ. ①天… Ⅱ. ①王… Ⅲ. ①气象预报－少儿读物 Ⅳ. ①P457-49

中国版本图书馆CIP数据核字(2022)第241094号

TIAN YOU KE CE FENGYUN
（院士解锁中国科技）

出版发行：中国少年儿童新闻出版总社 中国少年儿童出版社
出 版 人：孙 柱
执行出版人：吴峥岚

责任编辑：金银銮 李 萌　　封面设计：许文会
美术编辑：尹 丽　　版式设计：施元春
责任校对：刘文芳　　形象设计：冯衍妍
插 图：袁海静　　责任印务：李 洋

社 址：北京市朝阳区建国门外大街丙12号　　邮政编码：100022
编 辑 部：010-57526298　　总 编 室：010-57526070
客 服 部：010-57526258　　官方网址：www.ccppg.cn

印刷：北京利丰雅高长城印刷有限公司

开本：720mm×1000mm 1/16　　印张：9.25
版次：2023年1月第1版　　印次：2023年2月北京第2次印刷
字数：200千字　　印数：10001－60000册

ISBN 978-7-5148-7824-0　　定价：45.00元

图书出版质量投诉电话：010-57526069，电子邮箱：cbzlts@ccppg.com.cn

“院士解锁中国科技”丛书编委会

本书创作团队

主　笔

王会军

创作团队

段明铿　尹志聪　陆春松

周波涛　胡建林　孙　博

黄艳艳　张其林

“院士解锁中国科技”丛书编辑团队

项目组组长

缪　惟　郑立新

专项组组长

胡纯琦　顾海宏

文稿审读

何强伟　陈　博　李　橦　李晓平　王仁芳　王志宏

美术监理

许文会　高　煜　徐经纬　施元春

丛书编辑

（按姓氏笔画排列）

于歆洋　万　頔　马　欣　王　燕　王仁芳　王志宏　王富宾　尹　丽　叶　丹　包萧红

冯衍妍　朱　曦　朱国兴　朱莉荟　任　伟　邬彩文　刘　浩　许文会　孙　彦　孙美玲

李　伟　李　华　李　萌　李　源　李　橦　李心泊　李晓平　李海艳　李慧远　杨　靓

余　晋　张　颖　张颖芳　陈亚南　金银銮　柯　超　施元春　祝　薇　秦　静　顾海宏

徐经纬　徐懿如　殷　亮　高　煜　曹　靓　韩春艳

前　言

“院士解锁中国科技”丛书是一套由院士牵头创作的少儿科普图书，每卷均由一位或几位中国科学院、中国工程院的院士主笔，每位都是各自领域的佼佼者、领军人物。这么多院士济济一堂，亲力亲为，为少年儿童科普作品担纲写作，确为中国科普界、出版界罕见的盛举！

参与这套丛书领衔主笔的诸位院士表达了让人不能不感动的一个心愿：要通过撰写这套科普图书，把它作为科技强国的种子，播撒到广大少年儿童的心田，希望他们成长为伟大祖国相关科学领域的、继往开来的、一代又一代的科学家与工程技术专家。

主持编写这套丛书的中国少年儿童新闻出版总社是很有眼光、很有魄力的。在这些年我国少儿科普主题图书出版已经很有成绩、很有积累的基础上，他们策划设计了这套集约化、规模化地介绍推广我国顶级高端、原创性、引领性科技成果的大型科普丛书，践行了习近平总书记关于“科技创新、科学普及是实现创新发展的两翼，要把科学普及放在与科技创新同等重要的位置”的重要思想，贯彻了党的二十大关于“教育强国、科技强国、人才强国”的战略要求，将全民阅读与科学普及相结合，用心良苦，投入显著，其作用和价值都让人充满信心。

这套丛书不仅内容高端、前瞻，而且在图文编排上注意了从问题入手和兴趣导向，以生动的语言讲述了相关领域的科普知识，充分照顾到了少年儿童的阅读心理特征，向少年儿童呈现我国科技事业的辉煌和亮点，弘扬科学家精神，阐释科技对于国家未来发展的贡献和意义，有力地服务于少年儿童的科学启蒙，激励他们逐梦科技、从我做起的雄心壮志。

院士团队与编辑团队高质量合作也是这套高新科技内容少儿科普图书的亮点之一。中国少年儿童新闻出版总社集全社之力，组织了 6 个出版中心的 50 多位文、美编辑参与了这套丛书的编辑工作。编辑团队对文稿设计的匠心独运，对内容编排的逻辑追溯，对文稿加工的科学规范，对图文融合的艺术灵感，都能每每让人拍案叫绝，产生一种“意料之外、情理之中”的获得感。

丛书在编写创作的过程中，专门向一些中小学校的同学收集了调查问卷，得到了很多热心人士的大力帮助，在此，也向他们表示衷心的感谢！

相信并祝福这套大型系列科普图书，成为我国少儿主题出版图书进入新时代中的一个重要的标本，成为院士亲力亲为培养小小科学家、小小工程师的一套呕心沥血的示范作品，成为服务我国广大少年儿童放飞科学梦想、创造民族辉煌的一部传世精品。

郝振省

中国编辑学会会长

前　言

科技关乎国运，科普关乎未来。

一个国家只有拥有强大的自主创新能力，才能在激烈的国际竞争中把握先机、赢得主动。当今中国比过去任何时候都需要强大的科技创新力量，这离不开科学家创新精神的支撑。加强科普作品创作，持续提升科普作品原创能力，聚焦“四个面向”创作优秀科普作品，是每个科技工作者的责任。

科普读物涵盖科学知识、科学方法、科学精神三个方面。“院士解锁中国科技”丛书是一套由众多院士团队专为少年儿童打造的科普读物，站位更高，以为中国科学事业培养未来的“接班人”为出发点，不仅让孩子们了解中国科技发展的重要成果，对科学产生直观的印象，感知“科技兴则民族兴，科技强则国家强”，而且帮助孩子们从中汲取营养，激发创造力与想象力，唤起科学梦想，掌握科学原理，建构科学逻辑，从小立志，赋能成长。

这套丛书的创作宗旨紧跟国家科技创新的步伐，遵循“知识性、故事性、趣味性、前沿性”，依托权威专业的院士团队，尊重科学精神，内容细化精确，聚焦中国科学家精神和中国重大科技成就。创作这套丛书的院士团队专业、阵容强大。在创作中，院士团队遵循儿童本位原则，既确保了科学知识内容准确，又充分考虑了少年儿童的理解能力、认知水平和审美需求，深度挖掘科普资源，做到通俗易懂。丛书通过一个个生动的故事，充分体现出中国科学家追求真理、解放思想、勤于思辨的求实精神，是中国科学家将爱国精神与科学精神融为一体的生动写照。

为确保丛书适合少年儿童阅读，院士团队与编辑团队通力合作。在创作过程中，每篇文章都以问题形式导入，用孩子们能够理解的语言进行表达，让晦涩的知识点深入浅出，生动凸显系列重大科技成果背后的中国科学家故事与科学家精神。同时，这套丛书图文并茂，美术作品与文本相辅相成，充分发挥美术作品对科普知识的诠释作用，突出体现美术设计的科学性、童趣性、艺术性。

面对百年未有之大变局，我们要交出一份无愧于新时代的答卷。科学家可以通过科普图书与少年儿童进行交流，实现大手拉小手，培养少年儿童学科学、爱科学的兴趣，弘扬自立自强、不断探索的科学精神，传承攻坚克难的责任担当。少儿科普图书的创作应该潜心打造少年儿童爱看易懂的科普内容，着力少年儿童的科学启蒙，推动青少年科学素养全面提升，成就国家未来创新科技发展的高峰。

衷心期待这套丛书能够获得广大少年儿童朋友们的喜爱。

周忠和

中国科学院院士

中国科普作家协会理事长

写在前面的话

从古至今，人们仰望天空时总会充满幻想和疑问。这风从哪儿来？这雨因何而生？为什么昨天温暖如春，今天却寒冷刺骨？

“气候变化”这样的专业名词已经为科学家、企业家和政治家所熟知，甚至常常出现在同学们的课本里。你能将它介绍给身边的人吗？极端天气气候（暴雨、沙尘暴和台风等）为什么频繁发生、威力巨大、危害严重？气象学家们已经对这些问题做了很好的回答，但他们经常讲自己的一套专业语言，同学们很难理解。这本书将会用日常的、趣味的，同时也合乎科学的语言带同学们了解风云变幻，认识雨雪形成，洞察寒潮台风，感知地球冷暖。

现代大气科学是一门生机勃勃的学科。多位科学家曾因在大气科学领域的杰出成就获得诺贝尔奖。截至 2022 年，在 35 位中国“国家最高科学技术奖”获奖人中，包括两位气象学家：叶笃正院士（2005 年）和曾庆存院士（2019 年）。为了从“天有不测风云”向“天有可测风云”迈进，一代又一代的中国气象学家开展青藏高原科考、研发风云气象卫星、发展数值预报模式、挑战气候系统预测……真正做到了“科研报国永不悔，攀上珠峰踏北边”。同学们，通过本书你们可以看到一个个真实的中国科学家，感受到他们身上的中国科学家精神。

本书由我担任主笔，邀请了包括国家杰出青年基金获得者在内的一批青年学者共同凝练了 17 个问题，将相关的科学背景、知识答案以及科学家故事娓娓道来。在写完这本书的初稿之后，我还向身边的同学们请教：“你能看懂吗？”“你觉得有趣吗？”“你能学到什么？”几易其稿，在得到足够多的肯定答案后，我将稿子交给了出版社。

我想对同学们说：身边的气象万千，等待着你们去探索；地球村人的生存挑战，需要大家去应对。

王会军

中国科学院院士
南京信息工程大学大气科学学院教授

目录

快跟着云逗，一起去气象世界看看吧！

大气
有多"大"?

人们网购的苹果，外面常常覆着一层泡沫网，用来保护苹果不受磕碰。

如果把地球比作一个苹果的话，大气就相当于那层泡沫网。大气保护着地球免受太阳辐射的侵害，也阻挡着宇宙碎片的袭击。

>800km 外层（散逸层）
85～800km 电离层（极光）
50～85km 中间层（流星）
15～50km 平流层
0～15km 对流层

越往上，空气越稀薄

虽然既看不见，又摸不着大气，但是人们时时刻刻都离不开它。大气中究竟有些什么呢？

我们通常所说的大气是指包围在地球表面的空气。地球现在的大气是由氮气、氧气、二氧化碳、其他气体以及水蒸气、杂质等很多成员组成的“大家族”。这个“大气家族”的各位成员都有各自的脾气和本事。

氮气约占大气的78%，是“大气家族”中当仁不让的“大哥”。它性格沉稳，常用来做金属焊接的保护气和灯泡的填充气。鼓鼓的薯片包装袋里也有它，可以让薯片保持松脆的口感。

小贴士

2022年4月16日，翟志刚、王亚平、叶光富3名航天员乘坐神舟十三号返回舱回到了地面。这一次“出差”，他们在中国空间站生活了183天，刷新了中国航天员单次飞行任务的太空驻留时间纪录。3名航天员呼吸需要的氧气是由太阳光发电，电解水制取氧气获得的，很神奇吧！

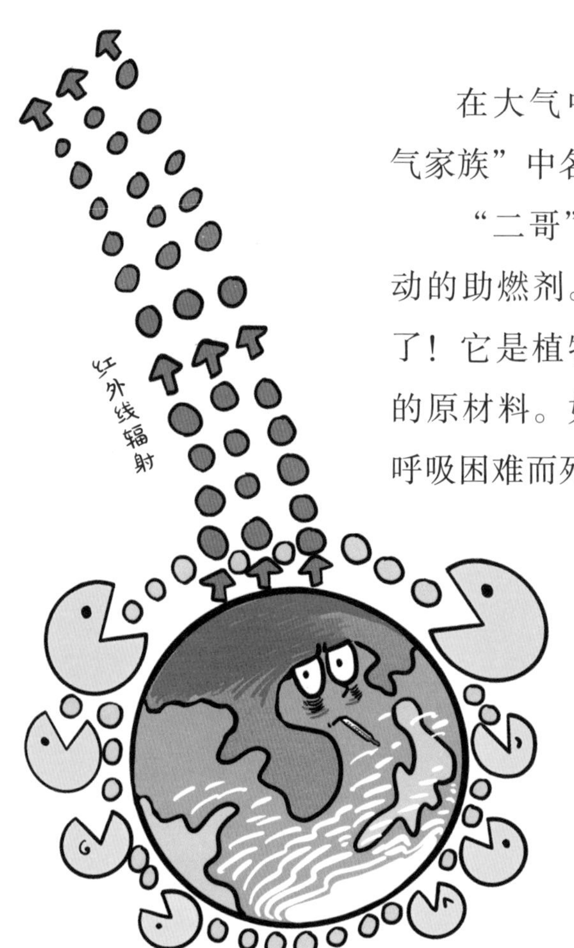

在大气中，氧气约占21%，是“大气家族”中名副其实的“二哥”。

“二哥”脾气比较火暴，是燃烧活动的助燃剂。但是它对生命而言太重要了！它是植物、动物、微生物呼吸作用的原材料。如果缺少氧气，我们就会因呼吸困难而死亡。

在“大气家族”中，有一群比较淘气的成员——温室气体，比如二氧化碳、甲烷、氧化亚氮、氢氟碳化合物等。

温室气体就像喜欢吃糖的孩子一样，不过它们吃的“糖”是红外线辐射，这能让地球储存更多能量，从而变暖。

不过，温室气体太多的话，可不是什么好事。它会导致冰川融化、海平面上升、气候异常、动植物数量减少等危害。

“大气家族”中还有一些“成员”，二氧化硫、二氧化氮、一氧化碳、臭氧、铅、颗粒物等，它们可能会造成严重的污染问题。比如，雾霾污染、酸雨污染、光化学烟雾污染等，对人体健康和生态系统都有不良影响。

“大气家族”里的成员一直都是它们吗？

其实大气的成分一直在变化。大约在 45.4 亿年前，随着地球的诞生，大气也神秘“出世”了，它伴随着地球一起成长，先后经历了原始大气、次生大气和现代大气三个过程。

原始大气

原始大气的主要成分是氢和氦。那时整个“大气家族”并不稳定。内有“叛逃分子”——氢气，它速度很快，一不小心就飞出地球；“外患”则是太阳风，它是太阳向空间释放的高速带电粒子流，在掠过地球时，将氢和氦统统掠走，给原始大气造成了毁灭性的打击。

次生大气

在火山爆发、地壳板块碰撞等多种因素作用下，“大气家族”迎来了新成员：二氧化碳、甲烷、氮气、硫化氢和氨气等一些“较重”的气体。它们共同开启了“大气家族”的新时代——次生大气。

现代大气

随着地球上植物数量的大规模增长，在光合作用下，氧气被源源不断地输送到大气中，二氧化碳的消耗逐渐增大。最终，地球上的大气变成了以氮气和氧气为主的现代大气。

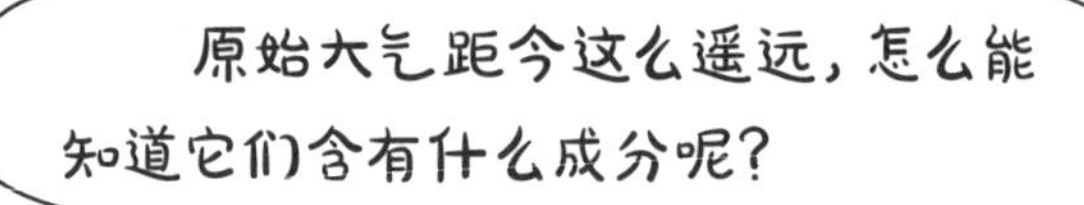

大树的年轮可以告诉人们它几岁了，从岩石中可以看出地球的历史，通过化石可以推断出古代动物、植物的样子。想知道地球大气成分的变化，竟然可以在冰芯中找到答案！

原来，大气中的物质会随大气环流抵达冰川上空，并沉降在冰雪表面。如果气温低，积雪不融化，每年的积雪形成一层层沉积物，年复一年，从底部往上逐渐形成一层层的冰层。大气中的“成分密码”就这样被保留下来，比如，二氧化碳等气体的含量、气温和降水等。

通过研究冰芯，可以探究过去的气候与环境变化，还可以推断未来的气候可能是什么样的。所以，人们称冰芯是研究气候与环境变化的一把“金钥匙”。

在中国，有一群科学家专门研究这把“金钥匙”，姚檀栋院士就是我国冰芯研究的开拓者之一。

为了找到合适的冰芯，姚檀栋一直奔波于青藏高原的各类冰川。高寒缺氧、风雪肆虐、紫外线强烈，再多困难也阻挡不了他勇敢探索的脚步。

海拔越高或者越古老的冰川，冰芯的科研价值就越大，但也越难采集。有一次，姚檀栋带领科考队采集冰芯。茫茫冰雪掩盖了巨大的冰裂隙，一位科考队员不小心掉了进去，幸好他腰间捆绑着事先系好的绳索，加上这段冰裂隙不足2米深，才幸免于难。

2015年10月，姚檀栋带领科考队，经过无数次地毯式搜寻，终于在古里雅冰川钻取了全长308.45米的冰芯——这是目前除南、北两极之外钻取的最长冰芯。

位于拉萨的中科院青藏高原冰芯库，存放着姚檀栋等科学家在第三极地区钻取的冰芯，相当于记录下了千万年来青藏高原气候演化的历史档案。

2017年，姚檀栋作为首席科学家牵头启动了第二次青藏科考活动，他说这次科考实现了他的一个梦想。

这个梦想要从 20 世纪 80 年代说起，当时美国用直升机把所有的科考设备从冰川末端送到冰川顶部，让姚檀栋感觉很震撼。他当时梦想着，有一天能坐上直升机到中国自己的冰川上去考察。2017 年这次青藏科考，他的梦想成真了！直升机从 4000 米一下拉到 6000 多米，只用了 8 分钟！姚檀栋院士高兴地告诉年轻的科考队员们：“我的梦想实现了！国家有实力了，技术进步了！”

国家综合实力的提升和科技的进步，支撑了科考装备升级。浮空艇、无人机、无人船、遥感飞机、冰上机器人等新装备、新技术将助力中国科学家，揭开更多大气的奥秘。

看清过去，能更好地知道未来。如果你们对大气感兴趣，不妨去看一看“古代大气”！

诸葛亮“借东风”
究竟是“法术”
还是科学？

《三国演义》中的诸葛亮运筹帷幄，智计无双，用一场赤壁之战，以弱胜强，助孙刘联军大胜曹操，成天下三足鼎立之势。赢得这场战役的关键之一就是诸葛亮向老天"借"来的东风。

其实，这场风是赤壁特殊的自然气候条件导致的。据史料记载，赤壁之战时，曹军驻扎在长江以北的乌林沿岸，孙刘联军则在长江南岸。与现在地势不同，当时乌林的北侧是一片面积广大的云梦泽，湖泊和陆地的温度差异极易形成湖陆风。火烧赤壁的那个白天，"晴空风暖，午后酷热"，这种晴好的天气极易造成湖泊和陆地的温差，从而在冬日的晚上吹起一场少见的东南风。

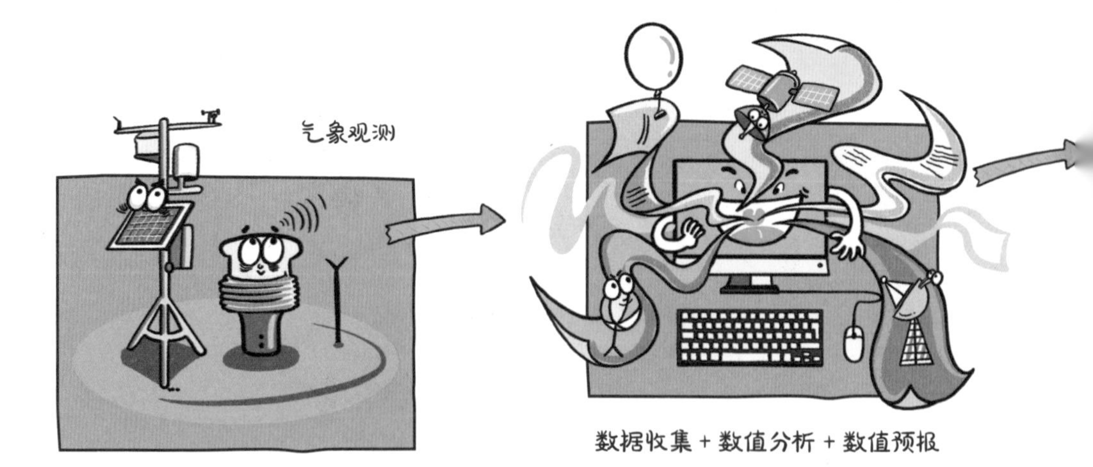

因此，诸葛亮的“借东风”并不是“法术”，而是在熟知天气、气候规律之后的有效推测，也就是天气预报。

古代的天气预报，主要来自经验的总结。现代的天气预报可就复杂得多啦！

从17世纪开始，科学家们开始使用科学仪器（温度表和气压表等）来测量天气状态，并使用这些数据来做天气预报。1856年，世界上建立了第一个气象台网后，科学家们利用大气动力学基本知识和预报经验，识别出影响天气的主要因素，绘制成天气图进行预报。这便是天气图预报法，并被沿用至今。

当代主流的天气预报法，叫作数值天气预报。因为大气运动总是遵循一定的物理规律，人们将这些规律编写成数学方程组，再根据已知条件，求解未知数的值。简单地说，数值天气预报就是一种把未来天气计算出来的科学。

大气是一个非常庞大、复杂的系统，想要求解大气方程需耗费巨大的工作量，单靠手工计算是很难完成的。1950 年，美国人利用计算机代替人力，进行了世界第一次数值预报。随着计算机的高速发展和普及，数值预报成为现在各国最主要的天气预报手段。

简而言之，先进行气象观测，运用收集到的数据做数值分析和数值预报。然后，由气象预报员分析和综合讨论（预报会商），天气预报就可以发布出来了。

同学们，你们现在对天气预报一定已经习以为常了，翻翻报纸、听听广播或者刷刷手机，分分钟就能掌握天气情况。

其实，我国的天气预报业务起步较晚，它从诞生到一步步成长，凝结了我国一代又一代气象学者的智慧和心血。

新中国成立初期，中国的气象观测系统还未完全建立，气象基础薄弱，资料缺乏，与国际水平相差甚远。担任中国第一任气象局局长的涂长望先生，积极开展气象台站网建设，为气象业务发展奠定了基础。针对人才极度匮乏的问题，他一面通过培训班培养急需的人才，一面写信恳请海外人才回国。后来成为新中国著名气象学家的叶笃正、谢义炳、朱和周、顾钧禧、顾震潮等人，都在他的感召下，先后回国投入了气象事业的建设。

在人才紧缺问题初步解决后，涂长望先后在北京、成都、湛江设立了3所气象中专学校。1960年，经教育部批准，又在南京大学气象系的基础上组建了新中国第一所气象高等院校——南京气象学院（现为南京信息工程大学）。涂长望还不断选派气象科技人员到国外学习和进修。涂长望先生对人才的重视和培养，为新中国气象事业的发展积聚了力量。

“为了气象事业壮大发展，盼你们尽快回国。”这是涂长望先生给叶笃正院士写的亲笔信。在“祖国需要我”的信念支持下，师从世界著名气象学家罗斯贝的叶笃正，放弃了美国气象局的高薪挽留，毅然地回国效力。当时的中国百废待兴，年轻的叶笃正甘愿从“零”开始，亲手绘制完成了中国第一张500百帕的高空图。以这张天气图为起点，中国以物理、数学为基础的天气预报开始建立起来。

小贴士

大气也有重量，单位面积上所承受的大气重量叫作气压。为了便于对全球的气压进行比较分析，世界气象组织统一规定用百帕作为气压的单位。

曾庆存院士 1956 年从北京大学毕业，在中央气象台实习时，他发现气象预报员们还只能利用天气图进行分析、判断，凭经验做预报。曾庆存就下决心要研究客观、定量的数值天气预报，提高天气预报的准确性。

1956 年 11 月，曾庆存被选派到苏联科学院应用地球物理研究所学习。曾庆存的导师恰好把这个课题交给了他：用原始方程组做数值天气预报。

这可是一道乏人问津的难题，周围的师兄弟都劝他的导师，不要把这个课题给他。“如果他做不出来毕不了业，拿不到学位怎么办？”然而，曾庆存认准了就偏要试一试。在导师的支持下，他开始全力攻坚。

那时候，计算机是非常稀缺的，曾庆存每天只有10小时的使用时间，而且还只能在深夜。于是，他就白天用纸算，晚上用计算机一个个验证。通过潜心研究，曾庆存找到了利用计算机解方程的一种新的有效方法——半隐式差分法。这是世界上首个用原始方程直接进行实际天气预报的方法，大大提高了数值预报的效率，并被沿用至今。

天气预报主要提供的是最近几天的信息，如果人们还想提前知道更长时间（未来几个月甚至是明年）的天气情况，这便需要用到气候预测啦。

比如，种田的农民，需要根据当年春季雨水多还是少，气温高还是低，来确定种植什么作物、什么时候播种；防汛抗旱部门越早收到旱涝预警，便可以越早做好准备。

然而，“一只南美洲亚马孙河流域热带雨林中的蝴蝶，偶尔扇动几下翅膀，可以在两周以后引起美国得克萨斯州的一场龙卷风”。著名的“蝴蝶效应”形象地说明了微小的变化能带动整个气候系统的连锁反应，也意味着气候预测的难度。

中国的现代气象业务发展至今，已位列世界先进水平。这离不开一代又一代气象学者的努力奉献。但是很多天气现象和气候事件发生发展的规律还没有完全被我们掌握，同样影响了天气预报和气候预测的准确度。这需要科学家们继续科研攻关。

那么，你愿意向老一辈气象学家学习，不畏艰辛，潜心研究，为提高中国的天气预报和气候预测水平一起努力吗？

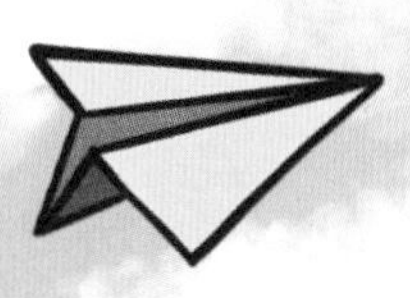

观云可以识天吗?

“朝霞不出门，晚霞行千里。”

“天上鲤鱼斑，明日晒谷不用翻。”

“黑云起了烟，雹子在当天。”

科学不发达的古时候，农业生产特别依赖天气，农民在世世代代的劳动和生活中，通过反复观察，总结出了许多观云识天气的谚语。

可是很多时候，天气的“脾气”任性又多变，识别和预测起来，光靠人眼是远远不够的，还需要许多工具。汉朝时，有了专门测量风的工具，如“铜凤凰”“相风铜鸟”；宋朝时的秦九韶在《数书九章》中阐述了天池测雨、竹器验雪等降水测量方法和计算方法，可以称得上是世界上最早的雨量计算方法。

到了科学高度发达的今天，观测大气的手段已经发生了翻天覆地的变化，我们可以从地面和空中对大气进行全方位的观测。

先去地面气象观测站看看吧！瞧，草坪上的百叶箱、高高立起的风向标、风速仪等仪器，可以观测风向、风速、温湿度、气压、降雨量等。

以前，地面气象观测都要靠人工定时观测，而在 2020 年 4 月 1 日，我国地面气象观测实现全面自动化。万千精密数据瞬间汇集，秒传而出。

云量自动观测仪

正是有这些先进的观测仪器，我国的气象观测站点从 2000 多个扩展到了 10 万多个。2022 年 5 月 4 日，我国在珠穆朗玛峰海拔 8830 米处，成功架设自动气象观测站。这个气象站刷新了世界海拔最高气象站的纪录。

2022 年 5 月 4 日，珠峰科考队员架设世界海拔最高的自动气象观测站

地面观测站只负责观测地面附近的气象数据，要全面了解大气的状态,还需要想办法获取高空(地面到高度约40千米的范围)中的气象数据。

高空观测的主要仪器是无线电探空仪，它非常轻巧，只有250克左右，尺寸相当于普通文具盒。探空仪每天被高空探测气球带飞，从低空飞到高空。探空仪观测到的温度、湿度、风速等气象数据，会被地面接收，传送给全世界各个气象台站。

再看看天气雷达，它堪称防灾、减灾的“侦察兵”，拥有孙悟空的火眼金睛“技能”，它发射的电磁波可以一刻不停地扫描空气中的云滴、雨滴、水汽等粒子，这些粒子反射回的信息被记录以后，通过复杂的计算公式，就能得到雷达回波图。

借助天气雷达，我们能掌握以雷达为中心，约230千米为半径的圆形区域内可能发生的降雨、冰雹等天气。

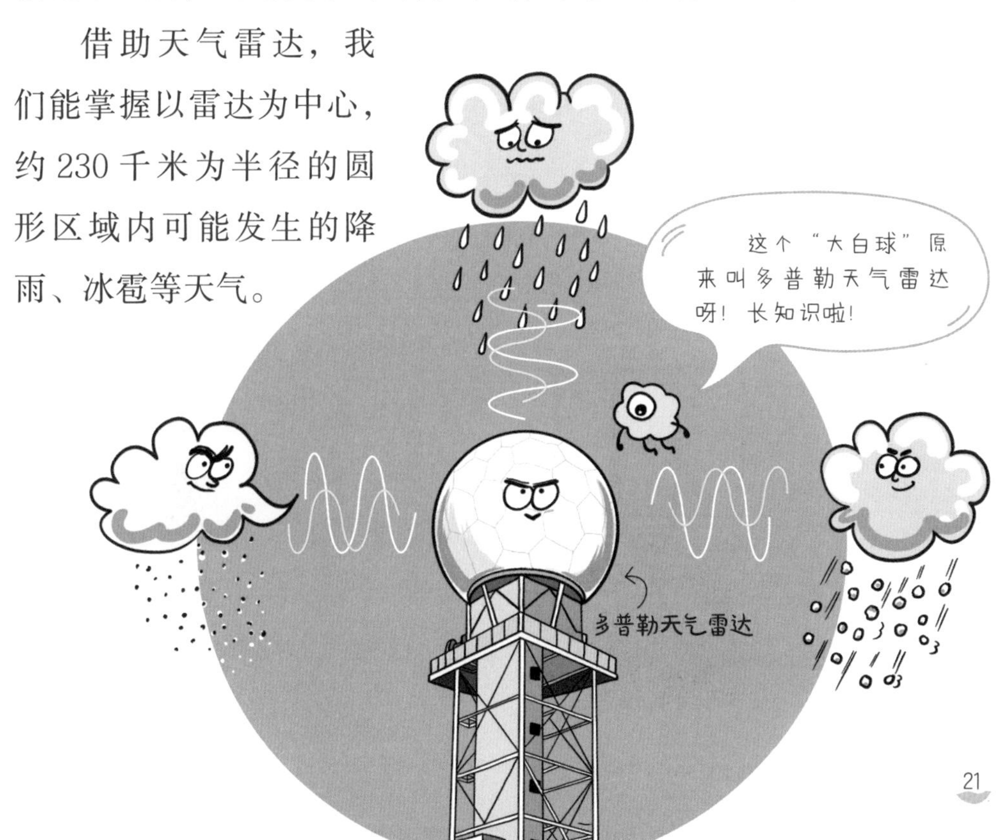

我国直到 20 世纪 90 年代，才开始组建自己的气象雷达观测网，但截至目前，我国已经建成了一个由 236 部新一代天气雷达构成的、世界上最大的气象雷达观测网，实现了从“零”到世界先进的飞跃发展。

无论是地面观测、高空观测，还是雷达观测，总有“盲区”是观测不到的。比如，广阔的海洋以及没有气象观测站的高山、湖泊、荒漠等，人们很难得知那里发生了怎样的天气状况。气象卫星的出现，彻底解决了这个难题！

1970 年，我国开始独立自主研制气象卫星。这条路，历尽了艰辛和坎坷。风云一号 A 星，是我国试验型气象卫星的首星，也是“命运多舛”的一颗星。

风云三号卫星

1988 年 9 月的一天，风云一号 A 星发射在即。指挥员发出命令：“5 小时准备！”谁也没想到，就在这个紧要关头，意外发生了！卫星发射中心的所有遥测信号都消失了，出故障了！

风云四号卫星

当时的风云一号总设计师孟执中院士惊出了一身冷汗，不顾自己 54 岁已不甚灵活的身体，和他的同事们第一时间爬上四五十米高的塔架，给卫星做了一场检修“手术”。

风云二号卫星

而此时，位于卫星下面的，是已经装满了推进剂、准备发射的火箭箭体，检修时如果稍有不慎，后果将不堪设想！

这是中国卫星研制史上一次史无前例的塔上检修。孟执中院士说：“出了这么大的娄子，我实在感到羞愧。”为此，孟执中和同事们在塔上足足待了两天，根本顾不上吃饭、睡觉，一门心思地查找原因、分析和试验。

三天后，故障排除了，风云一号 A 星升空了！可惜的是，风云一号 A 星仅升空 39 天，便因失控而“早亡”。紧随其后的风云一号 B 星也未能达到 1 年的设计寿命指标。

失败的挫折困扰着孟执中，但他可不是轻易认输的人，他始终乐观地认为：“失败的教训比成功的经验更宝贵。”

孟执中的执着和乐观，鼓舞了团队的成员。凭借着“十年磨一剑”的坚韧精神，孟执中和团队终于牢牢掌握了关键核心技术。1999 年 5 月 10 日，他们把风云一号 C 星稳稳地送上了太空。这颗卫星，完成了我国气象卫星研制历史上从屡遭挫折到圆满成功的华丽转身，它的性能达到了当时国际同类气象卫星的先进水平！

从 1988 年第一颗试验型气象卫星——风云一号 A 星上天，到 2021 年底，我国已经发射了 19 颗风云系列气象卫星，其中 7 颗正在太空默默工作着，时刻关注着地球的动态。

风云系列卫星的出色表现，能够更好地揭示台风、暴雨、洪涝、沙尘暴等的变化规律，对气象灾害起到预警的作用，也奠定了目前中国、美国与欧洲气象卫星“三足鼎立”的局面，提高了中国气象研究在国际上的话语权。

科技，助推气象技术装备迅速升级。在不远的将来，你想当一名“天空守望者”，亲手制造出更多利器、重器，去追寻风云万千、探索大气奥秘吗？

我们可以像孙悟空
那样腾云驾雾吗？

神通广大的孙悟空，不仅会七十二变，还会腾云之术——筋斗云！这筋斗云的速度，比火箭还快，一个筋斗就能翻十万八千里。

好羡慕孙悟空啊！我们也能腾云驾雾吗？

要回答这个问题，首先要知道云和雾是什么。

云和雾的本质就是水，它们都是由很多个微小的水滴组成的。细心的你们一定注意过，冬天洗完澡时，浴室中会有很多的“雾气”，这些“雾气”实际上就是温暖潮湿的空气在冷却后形成的小水滴。

太阳出来后，天气变暖，会加热河流、湖泊和海洋中的水，这些水在蒸发以后会飘起来，随着气温降低，慢慢地冷却，变成了小水滴。这些小水滴聚在一起，在地上的被称为雾，在天上的被称为云。

知道了什么是云和雾，问题的答案就显而易见了。我们都经历过雾天，知道雾既不能阻挡我们穿过它，也不能让我们从地面飘起来，所以，我们不能像孙悟空那样腾云驾雾，云也不能带我们飘在天上。

小贴士

你知道一朵云有多重吗?

云给人们的印象总是轻飘飘的，但研究数据显示，平均而言，一朵积雨云的重量可达500吨，与100头大象的重量相当。

这么多“大象”，是如何飘浮在空中的？其实每一朵云都是由小水滴、小冰晶构成的。但是，最大的小水滴直径也仅有0.2毫米，20亿滴这样的小水滴才能装满一汤匙。

云的存在让地球更适合人类居住。云覆盖了地球大约67%的面积。白天，它就像一把“遮阳伞”，阻挡太阳光直接照射地球，为地球降温。晚上，它又像是地球的“大棉袄”，能阻止大气中的热量“逃”到太空中，为地球保温。我们经常发现多云的夜晚比无云的夜晚更加温暖，这就是地球的“大棉袄”在起作用。

除了“遮阳伞”和“大棉袄”的功能，云还有一个重要功能，那就是降雨。云有时候洁白得像一朵棉花糖，看起来很美丽；有时候也会黑压压一片，带来轰鸣的雷声、刺眼的闪电和倾盆的大雨，让人感到恐怖。

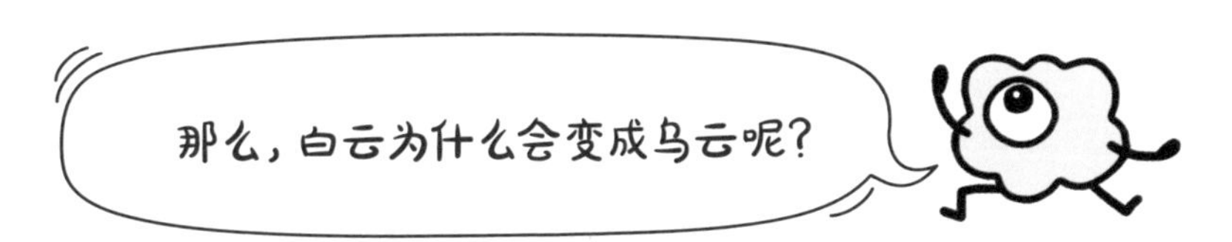

原来呀，有的云飞得特别高，高空中的温度很低，云里的小水滴就会冻结成冰晶，太阳光难以穿透这些云，所以就成了乌云。

我们虽然不能像孙悟空一样腾云驾雾，但科学家们通过科学研究，已经可以影响云的降雨过程，给干旱的地区带去雨水。

新中国成立初期，为了缓解土地干旱，改善人民的生产和生活，我国进行了人工降雨的规划。国家把这项艰巨的任务交给了顾震潮先生。

顾震潮是我国大气科学的开拓者和奠基者之一。新中国成立后，他迫不及待地想要回国参加祖国建设，为此不惜舍弃即将得到的博士学位。可是他受到了英国政府的阻拦，耽误了5个多月，最后他的老师罗斯贝出面担保，他才得以回国。

要进行人工降雨，首先要在云雾物理方面具备扎实的理论基础。这对顾震潮来说是一个新的领域，也是众人眼中一块“难啃的硬骨头”。可是，他勇敢地承担了这项艰巨的任务，他说：“新的任务总得有人去开路，况且经验是可以从实践中取得的！”

为了进行云雾物理研究，顾震潮带领研究团队在黄山、衡山、泰山等地进行了多项云雾观测试验。为什么挑选这些名山呢？是因为这些山上的云雾多，可采集的数据量大，有利于做研究。

同学们现在去风景名胜旅游一定是非常开心的，但是那个年代和现在不一样，当时的条件非常艰苦，交通不便，也没有现在这么齐备的旅游设施。

山上没有粮食，顾震潮就和同事们一起背上去。有时候遇上下雨天，他怕天黑路滑不好走，就带头冒雨往前冲。山上没有住的地方，

小贴士

云滴，是指半径小于100微米的水滴。一个小云滴大约要增大100万倍，才能成为雨滴。

他们就借住在山上的庙里。高山上空气潮湿，衣服洗了以后几天都不干。冬天又湿又寒冷，有的科学家因为常驻在高山观测站而得了严重的关节炎，一到阴雨天就会非常难受。

强烈的使命感和责任感，让科学家们可以藐视这些困难。没有观测仪器怎么办？没关系，自己造！顾震潮带领团队研制出了三用滴谱仪、含水量探空仪、雹谱仪等一系列云雾观测仪器。

顾震潮对待科研是非常严谨的。有一次，一个年轻人用显微镜读云滴数，只读出了300个。他觉得不对，接过显微镜重新读了2遍，最终确认是600多个。就像他常告诉大家的那样：科学工作来不得半点疏忽大意，只有真正反映客观实际的实验记录，才能作为科学研究的根据。

在艰苦的条件下，顾震潮带领了一批又一批科学家投身于云雾物理的科学研究中。他们发现了云雾物理规律，建立了暖云降水理论，使我国人工降水、人工消雾工作有了理论依据，推动了全国抗旱、消雾工作发展。

人们常用“云里雾里”“一头雾水”来比喻迷惑不解的样子。事实上，云、雾的形成和变化也一直是科学家们不断研究的重要课题。

同学们，你们想探索云和雾背后的奥秘、为人类造福吗？那么，就从观察身边的天气现象开始吧。保持对自然观察的兴趣，学好本领，将来有一天，一定能“拨开云雾见天日，守得云开见月明”的 。

“无根水”是什么水？

《西游记》中唐僧师徒为了帮助朱紫国国王治病，需要“无根水”作药引。这“无根水”其实就是天上的雨，于是孙悟空请来他的老朋友——东海龙王敖广帮忙。

东海龙王到了之后，为难地说：“大圣呼唤我时，没有说要我前来下雨，因此我是空着手过来的，没有带下雨的法器，要小龙如何下雨啊？”孙悟空说：“不要很大的雨，只要你打个喷嚏，下一些小雨就够了。”这对东海龙王来说，可是小菜一碟。他只打几个喷嚏，便下起雨来。乌金丹加上这“无根水”，治好了国王的病！

原来在神话故事里，天上下雨也是有条件的呀！既要有“法器”，又要有风云雷电呢。

那么现实中的雨，到底是从哪里来，又是怎么形成的呢？其实呀，雨是从天上的云里面掉出来的小水滴，雨和云本质都是水，只是形态不同而已。

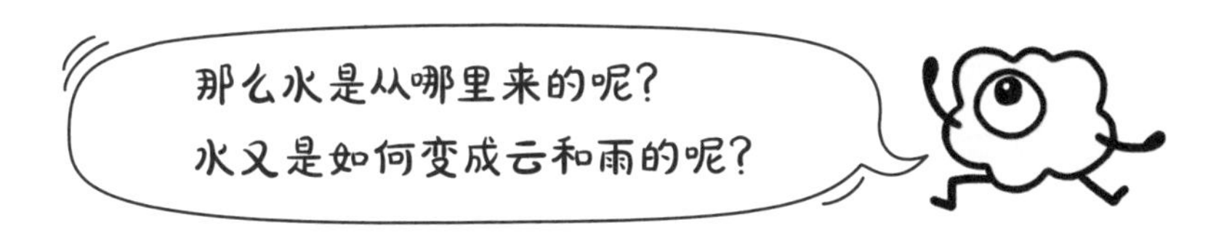

河流、湖泊和海洋表面的水受到太阳的照射之后，都会蒸发成水汽飘到天上去。但是呢，天上比较冷，水汽上升到某个高度就会聚集在一起“抱团取暖”（冷凝），然后就形成了云！

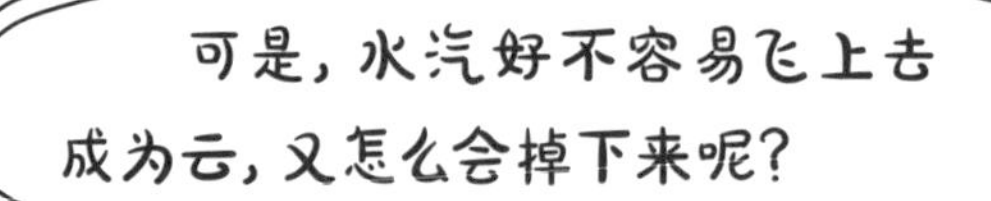

云里面的小云滴，你碰我，我碰你，合在一起成了大云滴。当云滴越来越大时，空气没有力气托住它，它就从云里面掉了下来，变成了雨滴往下掉落。

雨滴在掉落的过程中还要闯一个大难关！由于地上比天上暖和，雨滴掉落时遇热就会蒸发变小，如果一开始形成的雨滴不够大的话，可能还没有掉到地面就会被蒸发掉！只有大雨滴才能冲破这个难关，大雨滴在下落时虽然也会蒸发，但不至于全部变成水汽，这样才能顺利在地面降落，形成我们常见的“降雨”。

“好雨知时节，当春乃发生。”这句古诗大家都不陌生吧，春天的绵绵细雨带来万物复苏的新气象，它就是春天的吉祥物！“好雨”不仅可以灌溉庄稼，还有利于植树造林，减少空气中的灰尘。

可是，天上下的雨也不都是“好雨”。特大暴雨就是一种“坏雨”，给人们的生活造成了巨大的损害。

对付这种“坏雨”，科学家们有没有什么好办法？

当然有！天气预报能够“预知”未来一段时间的天气，一旦气象学家们预测到暴雨的发生，就可以提前防范它的袭击，从而大大降低暴雨对人们造成的危害。

小贴士

暴雨是指降水强度很大的雨。中国气象上规定，24 小时降水量为 50 毫米以上的强降雨称为“暴雨”。按其降水强度大小又分为三个等级，即 24 小时降水量为 50 ～ 99.9 毫米称“暴雨”、100 ～ 249.9 毫米称“大暴雨”、250 毫米以上称“特大暴雨”。有时暴雨并不像人们认为的那样来得特别急和猛，绵绵细雨持续 24 小时也可下成暴雨。

早在 1954 年，长江流域连下暴雨，引发了罕见的特大洪水，武汉被洪水围困。情况危急的时候，无数人跳入水中，手挽手、肩并肩组成人墙，对决堤口进行紧急封堵。

那时，暴雨连下了三个月，如果雨还继续下的话，就得采取分洪措施了。

雨还会不会下？谁也摸不准老天爷的脾气。

就在这时，我国天气预报的奠基人陶诗言院士和同事们，利用自己建立的降水预报方法，果断判定暴雨不会继续。预报成功了！武汉成功脱险了！千万顷良田和村庄也保住了！

时隔 21 年，河南省驻马店地区遭遇了前所未有的特大暴雨，这场暴雨带来的洪水冲垮了好几个水库，使河南省损失惨重。

陶诗言到达灾区现场时，被遭洪水洗劫后的惨状惊呆了：洪水吞噬了一座座村庄，除了茫茫的洪水，一切都荡然无存；淤泥里到处是牲畜的尸体……他暗暗下定决心，一定要找出这次大暴雨形成的原因！

从 1975 年的冬天，一直到第二年的春天，在南京，陶诗言带领着研究组的 30 多名研究人员，找出了从 1931 年到 1975 年间所有大暴雨的资料，逐个分析。人们把这次研究叫作“南京会战”，可见这次研究的紧迫性和重要性。

在简陋的小屋里，陶诗言亲自指导大家在天气图上分析雨团怎么移动，分析特大暴雨的案例。那些参加会战的气象预报员十分崇拜陶诗言，总是不断地问这问那，陶诗言从来不烦，总是很耐心地给他们讲解。

尽管生活条件简陋，大家却顾不上这些。每天从早到晚，沉浸在火热的研究中，并甘之如饴。

终于，陶诗言和研究组总结出了驻马店地区发生特大暴雨的原因，并进一步总结出每次下大暴雨的基本条件，得到暴雨发生的指标，这样就可以确定出潜在的暴雨发生地区——这就是暴雨预报的“落区法”。

后来西方也提出了类似的方法，但是比陶诗言的“落区法”晚了 20 年！一直到现在，陶诗言提出的“落区法”还在使用。

1980 年，陶诗言主编撰写的《中国之暴雨》成功出版，书中系统总结了暴雨天气的类型、暴雨发生的机制和预报方法，这对当时全国的暴雨分析和预报水平起到了巨大的推动作用。

一直以来，暴雨预报都是世界性的难题。幸运的是，随着大数据、云计算、物联网、智能传感等新一代信息技术的不断发展，现在对暴雨的预报工作又有了新的科学研究进展！

比如说智能网格预报吧，将我们生活中的每一个地区划分在一个个边长 5 千米 × 5 千米、1 千米 × 1 千米甚至更小的方块网格里，每个方块网格里有着不同的强降水预警。这是一张精细的天气预报网，可以随时进行预报，还能通过滚动更新，不断提高预报准确率，这样我们就能提前知道暴雨的出现啦。

中国南北方气候差异很大，同样是夏天，也许南方大雨连连，北方却面临干旱。如果能把南方“多余”的雨水送到北方该多好啊！同学们，将来的某一天，我们的科技会把幻想变成现实吗？

你知道什么是闪电吗?

雷公和电母是我国古代神话传说中的两位神仙，传说雷公持锤，电母执镜，负责在下雨时打雷放电。轰隆隆——只要他们出现，霎时间电闪雷鸣，吓得人赶紧堵住耳朵往家里跑。

当然不是！下雨、打雷和闪电，这些都是很正常的天气现象。

雷电（又称闪电）是自然界中的一种大规模放电现象，通常出现在最接近地表的一层大气中，常伴有大风和暴雨。而且，雷电所蕴含的能量非常庞大，也极其危险！

2021 年 4 月，由于遭受雷击，江西赣州的水西供电所辖区内的输电线断线，导致 3 个地区出现停电现象。同年 5 月，位于辽宁抚顺的中国石油抚顺石化三厂突发大火，被火烧过的面积约有 300 平方米，而引发火灾的直接原因就是遭受雷击。

要是遭遇雷击，轻则被电伤，重则有可能出现生命危险。

别看雷电出现的时间只有短短几秒钟，它却能释放出大量的热能，使局部空气温度瞬间升高几千甚至上万摄氏度！可想而知，雷电灾害会危及人类和动物的生命安全，还容易引发火灾，造成电力系统、通信系统，以及各种电子信息系统故障，产生直接或间接经济损失。

这么凶险的自然能量，我们当然应该避而远之。但你知道吗？有一群特殊的“逆行者”，他们不仅不去远离雷电，反而想方设法地把雷电从空中“引”下来。

在中国科学院大气物理研究所和中国气象科学研究院，有两支雷电研究的“国家队”。郄（qiè）秀书研究员和张义军研究员分别带领团队，在解密雷电方面做出了重要成果，是我国雷电研究领域的杰出代表。

郄秀书对雷电有着特别的兴趣。当有人问她，为什么选择研究雷电时，她回答："我与雷电研究有不解之缘，想揭开自然界中壮观的雷电现象的神秘面纱。"没想到，随着研究的逐渐深入，她的好奇心逐渐变成对雷电研究的热爱。

张义军同样抱着防御和减少雷电灾害的理想。他认为，降低雷电对人民群众生命财产的威胁，是开展雷电研究的根本目的，是每一个雷电研究者义不容辞的责任。这也成为他多年来不懈追求的目标。

为研究雷电现象、开展雷电防护方法和技术研究，郄秀书和张义军带领团队，克服重重困难，分别在我国的山东和广东建立了2个人工引雷试验基地，长期开展人工引雷试验。郄秀书的研究团队研制了专门的引雷火箭，现在已经被广泛使用，从而使我国人工引雷的成功率达到国际领先水平。可以说，人工引雷使得人类利用雷电的梦想成为现实。

开展人工引雷试验往往伴随着恶劣的条件，科学家们经常置身于狂风暴雨、电闪雷鸣的环境中。

有一次，郄秀书和课题组成员为了获取宝贵的试验资料，不顾个人安危，冒雨赶往试验场。就在他们快要到达时，一道刺

眼的光打到了附近的一棵树上，树干一下子就被劈裂了——好险啊，那棵树距离他们只有十几米的距离。张义军和他的团队也被称为“离雷电最近的人”。在一次人工引雷试验中，由于闪电能量特别大，即便试验人员都躲在安全的屋子里，张义军和部分操作人员仍然感觉到身体突然一麻。直到宝贵的试验数据采集和保存完成后，大家才意识到刚才过电了。

危险和艰苦对雷电研究者来说都是家常便饭，但我国的雷电研究人员却乐在其中。

通过开展人工引雷试验以及自然雷电的观测试验，科学家们已经可以在千万分之一秒的高时间分辨率上解析雷电放电全过程以及雷电流的变化特征。这为制定雷电防护标准提供了可靠的数据，使我国在雷电领域的研究达到了世界先进水平。

这里说的“红色精灵”，可不是童话故事中会飞的小精怪，而是指一种发光事件。由于这些发光体是红色的，且在空中出现的时间特别短，有如鬼魅一般难以捉摸，故而被科学家称为“红色精灵”。

“红色精灵”听起来奇幻又缥缈，但并不是神秘莫测的。使用高速照相设备，就可以观测到这一现象。科学家通过观察发现，“红色精灵”有多种形态，大小和形状都不一样。有的像一根柱子，有的像燃烧的焰火，还有一些如同红色的天使在空中翩翩起舞。

雷电真是危险又迷人！但是，只要我们坚持不懈地研究它、尝试破解它的奥秘，就有可能让“横行霸道”的雷电为我们所用。也许在不远的将来，用雷电的能量发电、充电也不是什么天方夜谭了。

天上的水
从哪里来、到哪里去？

春天，一场春雨唤醒万物；夏天，我们小心提防着洪涝的发生；秋天，一场秋雨一场寒；冬天，我们等待着鹅毛大雪的降临。年复一年，四季更迭，为什么天上的水总也下不完？

你知道天上的水从哪里来、到哪里去吗？接下来，我们来讲一讲地球上水循环的故事吧。

水有三种形态，分别是固态、液态和气态。在太阳辐射和大气运动的驱动下，这三种形态的水周而复始地运动，这种运动就被称为水循环。固态的水有冰盖冰川、积雪等；液态的水分布在海洋、河流、湖泊和湿地等；气态的水称为水蒸气，也叫水汽，主要存在于大气中。海洋、湖泊、土壤中的水通过蒸发变成水蒸气，进入大气；植物通过蒸腾作用将表面的水分通过水蒸气的形式散发到大气；还有少量的水蒸气由冰和雪直接升华而成。

小贴士

地球上的水量大约有14亿立方米，其中96.5%在海洋中。海洋是水循环的起点和归宿。

大气中超过 80% 的水汽来自海洋的蒸发。海洋中的水在阳光的照射下会变得“活泼”，它们把盐留在海里，自己则变成轻飘飘的水蒸气飘到天上，开启一场奇妙的旅行。它们会变成云，在风的推动下飘向陆地，再变成雨或者雪落到陆地上，形成河流和湖泊。这些水一部分被人们所利用，满足人们日常生活所需，一部分则随着河流滔滔不绝地流回海洋，等待新的一轮旅程。

水循环过程示意图

海洋其实和陆地一样，也是有的地方暖和，有的地方冰冷。总的来说，热带的海水最暖和，所以这里的海水也最“活泼”，每天都有大量的水变成水蒸气飞到天上。

也有一部分海水不热衷飞翔，它们喜欢登上洋流“列车”进行一场全球旅行。它们会带着在热带存储的热量，跟着暖流号“列车”从热带去看望居住在温带甚至寒带的兄弟姐妹，把自己的热量分给它们，让它们也变得跟自己一样暖和，从而更容易变成水蒸气飞到天上。

当它们分完自己的热量以后，又会搭上寒流号“列车”返回热带，重新存储热量，然后再去帮助其他兄弟姐妹。正是海洋里南来北往的洋流“列车”和“热心”的热带海水，极大地促进了海水向大气的蒸发过程。

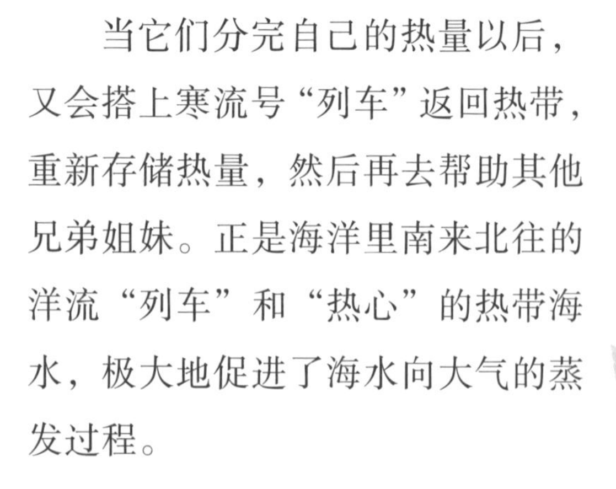

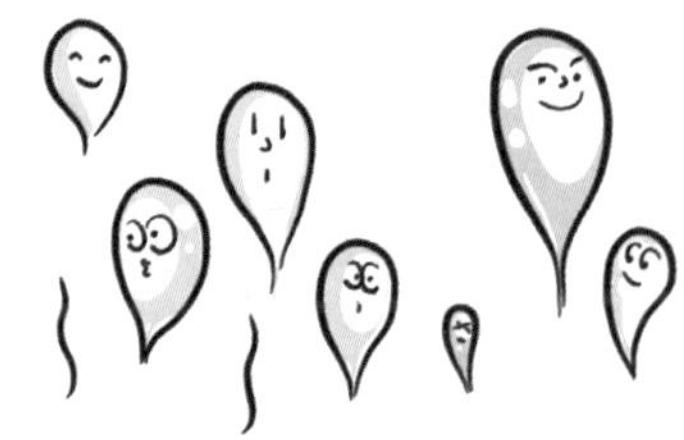

海洋蒸发到天上的水汽，想去哪里就可以去哪里吗？并不是这样。

90% 的水汽并不喜欢长途旅行，遇上适宜的环境，就会凝结降落回海洋。还有 10% 的水汽喜欢旅行，它们将搭乘大气环流去旅行。

由于地球是一个很大的球体，受热并不均匀，同时地球还在不停地自转，于是大气里就形成了能够连接两地的大气环流，水汽喜欢把大气环流当作“高铁”来坐。比如，大西洋的水汽喜欢乘坐自西向东的西风带“高铁”去地中海地区，使那里形成了冬季温和多雨的独特气候；来自西太平洋的水汽喜欢搭乘从太平洋开往中国的东亚夏季风“高铁”。

你知道吗？长江以南有着充沛的水资源，东亚夏季风“高铁”便是一个重要的大功臣。

东亚夏季风“高铁”比较特殊，它的很大一部分动力来源是海陆热力差异，所以，只有当欧亚大陆温度高于太平洋海温的时候，它才会“发车”。

一般而言，每年5月中旬至6月中旬，随着欧亚大陆开始变暖，这时的夏季风“高铁”能把水汽送到中国的华南地区；等到6月中旬和7月上旬的时候，海陆热力差异进一步变大，东亚夏季风“高铁”已经可以把水汽送到长江流域，给当地带来梅雨季；7月中旬以后，水汽会继续北上，给华北地区带来丰沛的降水。

但是自1979年以后，华北夏季降水总量明显减少，干旱频繁发生，华北地区的用水问题进一步加剧。这背后的原因究竟是什么呢？

这里就必须要说到中国科学院院士王会军的重要研究发现。

1982年的夏季，恢复高考后的第六年，王会军无意中听到中央人民广播电台的一个节目。节目中，北京大学著名气象学家谢义炳先生，给广大学子讲地球物理学科，特别提到了气象学科的重要性及其发展历程，并鼓励莘莘学子能够投身气象事业。

王会军听完，心潮澎湃，感受到了气象学科的魅力和国家对于发展气象学科的紧迫需求，他毅然选择了在北京大学攻读天气动力学专业。毕业后，王会军师从曾庆存院士攻读气象学硕士、博士学位，其间他完成了我国第一个基于自己的气候模式的全球变暖定量研究成果。

1990 年，联合国政府间气候变化专门委员会（IPCC）发布了《第一次评估报告》，在之后的两年又发布了补充报告，其中就引用了王会军的研究成果。这也是我国第一个被 IPCC 正式引用的成果。

王会军一直把国家和人民需求放在科研的首位，长期关注气候变化及机理研究。2001 年，王会军深入探究华北干旱问题后提出：这主要是因为东亚夏季风在 1979 年以后年代际减弱导致的。

也就是说，在 1979 年以后，东亚夏季风“高铁”的动力不足，只能支撑到把水汽运到长江流域，便虚弱撤退，从而导致中国东部南边多洪涝、北方多干旱的现象发生，这大大加剧了我国水资源分布不均的严峻形势。

小贴士

在 2014 年夏季，华北、东北遭遇严重旱灾，辽宁、吉林等省超过 4000 万亩农作物受到影响。而在 2020 年夏季，由于东亚夏季风“高铁”动力不足，那些本该去往华北和东北的水汽都只能在长江流域“下车”，导致该地发生了严重的洪涝灾害。

王会军院士一直强调科学研究要为国为民服务，知道了华北干旱的可能原因，那么未来华北干旱是会缓解还是会加剧呢？他一直保持着思考，并注重把科学研究成果运用到实际业务中。在气候预测方面，为了让预报“跑”在灾害前，他不断突破瓶颈，提出新方法，例如，年际增量法、热带相似理论等。这些方法大大提高了东亚气候和热带台风活动的气候预测水平。

虽然灾害的发生是我们控制不了的，但如果人们能够了解大气环流发生、运行的原理，提前预测出它的目的地，就可以提前做好预防。

同学们，你们对洋流“列车”和大气环流“高铁”感兴趣吗？欢迎你们加入气象研究的队伍，帮助人类更好地摸透大气的“脾气”！

天气也有速冻模式吗？
冷源在哪里？

有很多同学通过电影了解了长津湖战役，那是抗美援朝战争中的一场硬仗。当看到“冰雕连”战士时，很多同学的泪水夺眶而出。

那么，1950 年冬天的朝鲜战场为什么会如此寒冷呢？

答案是 50 年一遇的寒潮天气。1950 年的冬季，是长津湖有温度记录以来最冷的一个冬季，气温接近零下 40 摄氏度。而据志愿军老兵回忆说，寒潮还带来了雨雪和强风，人体感受到的温度如零下六七十摄氏度一般刺骨。

什么是寒潮呢？

寒潮是指来自高纬度地区的寒冷空气，像潮水一样南下、向中低纬度地区侵入，造成沿途地区大范围剧烈降温、大风和雨雪天气。

寒潮大多发生在秋末、冬季和初春时节。寒潮低温能导致作物霜冻害、河港封冻、交通中断。连续数天的暴风雪会把牧草深埋在雪底，牲畜吃不上草，会染病或饿死。

但寒潮带来的并非全是灾害，有时也非常有用处。寒潮南侵时，常会带来大范围的雨雪天气，缓解冬季的旱情；低温能够大量杀死躲在土壤里过冬的害虫，保护农作物。所以，寒潮还是目前最有效的天然“杀虫剂”。

小贴士

不是所有天气变冷都叫寒潮，寒潮也是有标准的。当冷空气使某地的气温24小时内下降达8摄氏度，或48小时内下降达10摄氏度，或72小时内下降达12摄氏度，并且使该地日最低气温在4摄氏度以下时，才能称之为寒潮。

2021 年冬天，多轮寒潮连续影响中国北方，造成局部地区快速降温超过 12 摄氏度，很多气象观测站的最低气温都破纪录了。也就是说，寒潮天气让气温如“蹦极”般开启了速冻模式。

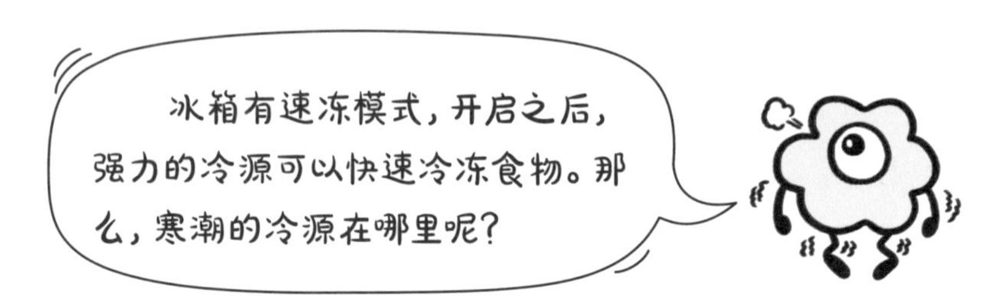

经过科学家研究发现，原来呀，中国寒潮天气的强大冷源在遥远的北极！

同学们都知道，北半球越靠近赤道越暖，越靠近北极越冷。这样的温度结构就会在北极圈以南形成一圈很强的西风带，仿佛是一堵无形的城墙，可以把冷空气限制在极地区域。

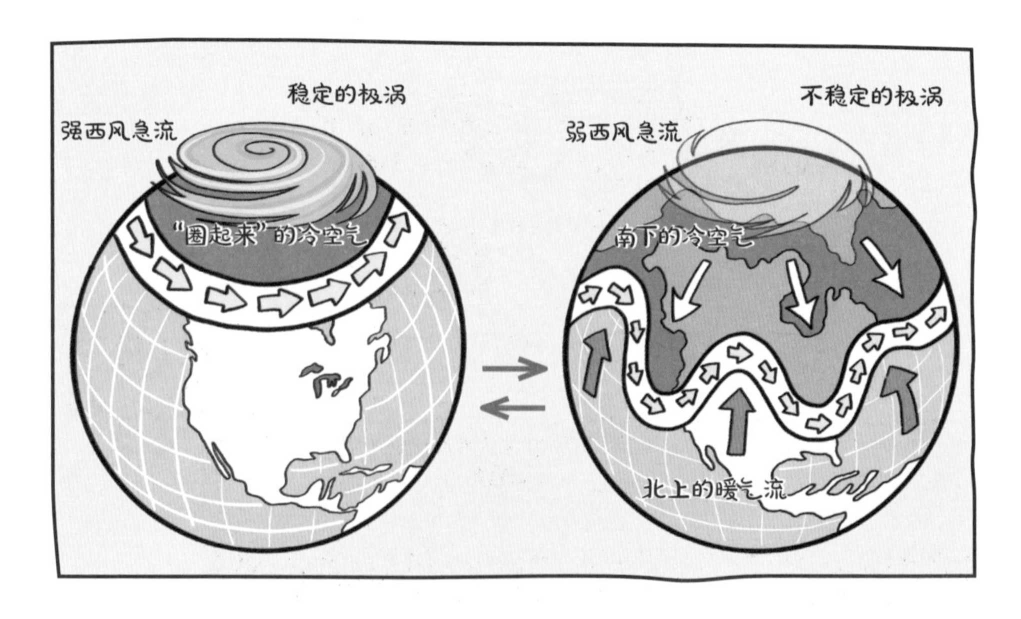

但有时候，这堵城墙也不那么坚固，会变弯、变矮。冷空气就会化身披着寒冰铠甲的“冰霜骑兵”，越过城墙，到西伯利亚集结，然后策马南下，形成寒潮。近年来，科学家的观测表明，全球正在变暖，而北极变暖的速度是全球变暖平均速度的 2～3 倍，北极海冰也在不断融化。

答案是否定的。因为北极快速变暖会改变地球原本的温度结构，那堵限制冷空气的城墙，会变得更矮，变弯的次数会更多，也就会有更强、更多的北极“冰霜骑兵”向南方入侵了。

除了寒潮，北极气候系统（尤其是海冰）的变化还会影响到中国的霾污染、强降水和夏季高温等。北极气候如此重要，但北极却又那么遥远，人们要如何掌握北极的气候状态呢？

别急，北极科学家来帮忙啦！自1999年至2022年，中国已经成功开展了12次北极科学考察。

北极科考好玩吗？嗯，先跟你们说一件恐怖的事，这里有熊出没！你们一定想不到科考队员会遇到北极熊吧？可是，这是真事！每一位进北极考察的科研人员都会先接受一番持枪的训练，以防不期然地遭遇这位北极的霸主——北极熊！

陈立奇是我国第一次北极科考的首席科学家，他在第一次北极科考中，就多次遇到北极熊。遇到北极熊怎么办？打，打不赢；跑，跑不过。最好是能用信号弹把它吓跑。

有一次，一支6人小分队，在一块面积不大的浮冰上作业。突然有人高喊：“北极熊！”大家一抬头，只见1大2小共3只北极熊，正在一个隆起的冰脊上，好奇地观望着科考队员们。负责警卫的队员马上端起冲锋枪，紧紧盯着它们。就这样对峙了四五分钟，幸运的是，3只北极熊没有发动攻击，而是转身离开了冰脊，一场危机悄然解除。

除了随时有熊出没，北极科考还遇到一个难题，那就是找到一块能建立联合冰站的超大浮冰。经过一番艰难的搜寻后，1999年8月18日清晨，在北纬74度54.6分、西经160度17分，中国科学家在北极第一次建起了大型联合冰站。

科学家们立即把仪器、设备、发电机、帐篷等，一股脑儿搬了上去。在这里，最宝贵的是时间。为了保证连续不间断地获取可靠的数据，科学家们争分夺秒地做着各种测量和检测。累了，就在睡袋里打一会儿盹儿，很快又起来接着奋战。

因浮冰融化得太快，25日下午，大型联合冰站撤除。当晚，中国首次北极科考队告别北极返航。

科学家们的艰辛付出，收获的是一大批珍贵的样品、数据和资料，以及一些新发现。比如，中国科学家发现了北极地区上空蒙盖着一层厚厚的“棉被”——逆温层，还发现了逆温层的屏障作用。这个发现，在国际北极考察中是第一次。

小贴士

通常大气对流层内的气温随高度增加而降低。但是在某些特殊条件下，高层气温反而高于低层气温，这种现象称为逆温。出现逆温现象的一层气体，称为逆温层。

2004 年 7 月 28 日，中国在北极建立了固定考察站——中国北极黄河站，从此，中国科考队员在北极有“家”了！这是中国继南极长城站、中山站两站后的第三座极地科考站，我国也成为世界上为数不多的在南北极同时拥有科考站的国家之一。

不仅如此，2019 年，随着我国第一艘自主建造的极地科学考察破冰船——“雪龙 2 号”横空出世，中国科考队员在极地科考有了重磅装备，他们将会带来更多的研究成果，在未来破译更多未知的密码。

天气速冻模式的冷源找到了，也实现了立体监测，这都非常有助于做出准确的寒潮预报。同学们，你们愿意加入科学家的队伍，乘坐极地破冰船，去探索更多北极的奥秘吗？

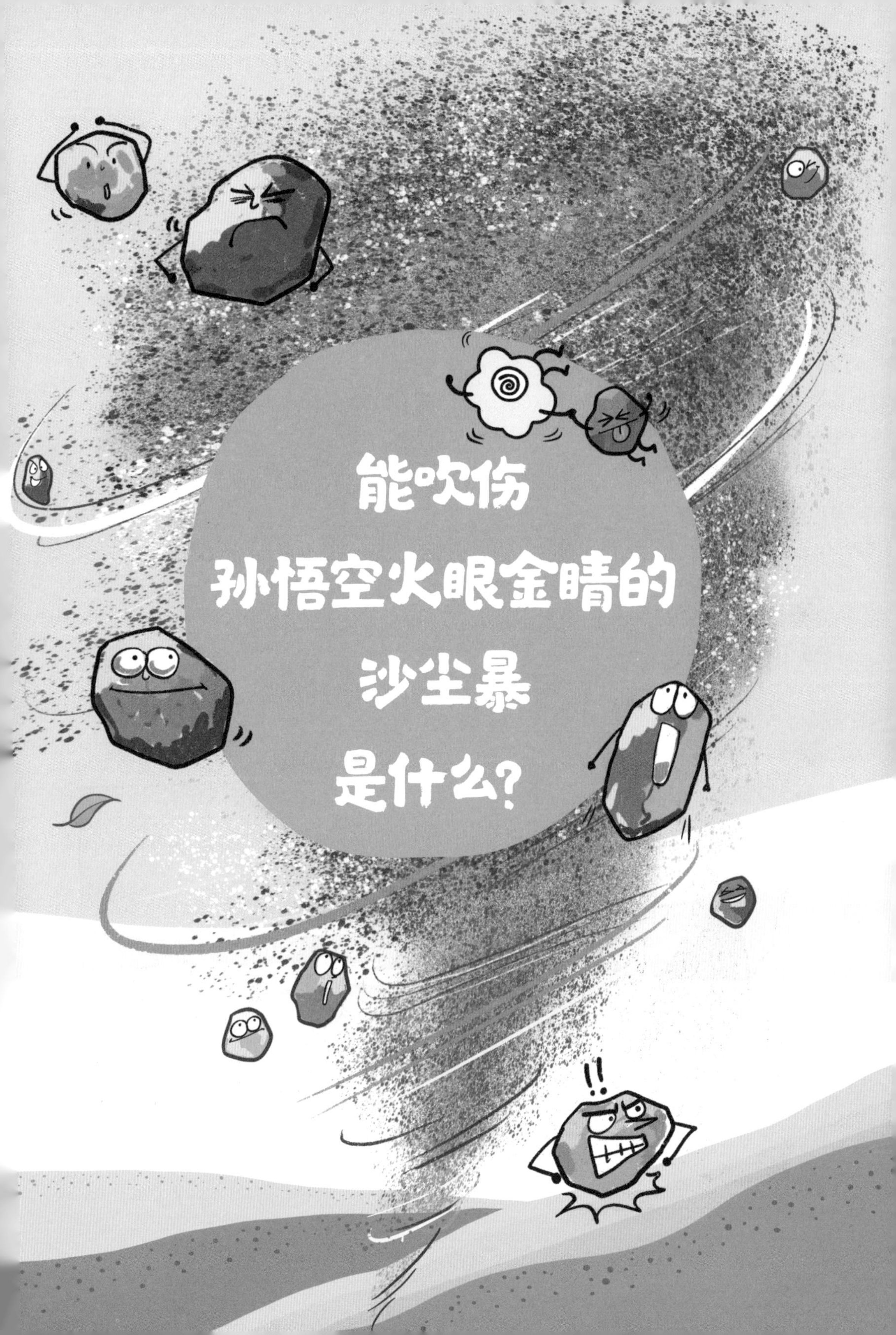
能吹伤
孙悟空火眼金睛的
沙尘暴
是什么？

孙悟空与黄风怪斗了三十多个回合后，揪下一把毫毛，叫声“变”。霎时，百十个齐天大圣手执如意金箍棒，把黄风怪紧紧围住。那怪害怕，也使出一样神通：急回头，呼的一口气，吹将出去。忽然间，一阵黄风，从空刮起。

这“黄风”是什么样子的？

“冷冷飕飕天地变，无影无形黄沙旋。穿林折岭倒松梅，播土扬尘崩岭坫（diàn）。”

妖风！真个厉害。直吹得孙悟空火眼金睛酸痛，差点瞎了眼睛。

黄风怪“三昧神风”这个神通，太像中国北方常见的沙尘暴啦！比如，狂风，挟石，带沙，漫天昏黄，可以吹很远。

沙尘暴是影响中国北方地区主要的灾害性天气之一。当强风从地面卷起大量沙尘，使空气混浊，能见度小于1千米的时候，那就是刮沙尘暴了。当空气特别浑浊，水平能见度小于50米时，就升级到特强沙尘暴了。

小贴士

依据沙尘天气发生时的水平能见度，同时参考风力大小，可将沙尘天气划分为浮尘、扬沙、沙尘暴、强沙尘暴、特强沙尘暴5个等级。

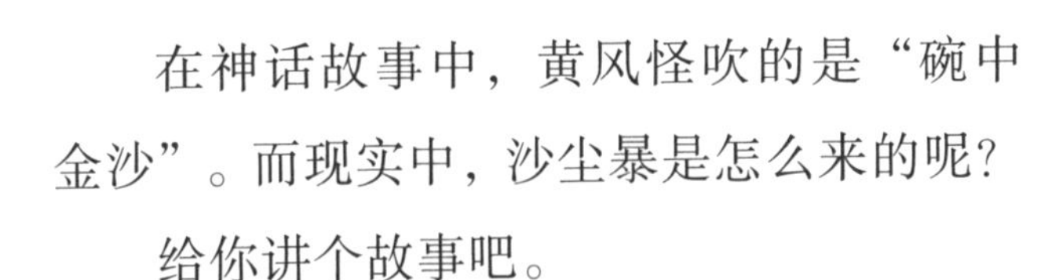

在神话故事中，黄风怪吹的是“碗中金沙”。而现实中，沙尘暴是怎么来的呢？

给你讲个故事吧。

2020年蒙古国的戈壁沙漠，遭遇了多年来地面植被覆盖率最低、整个冬季降水量最少的情况。在前冬期间（11月16日到次年1月15日），大气温度和土壤温度达到了近40多年以来最低。在后冬期间（1月16日到3月15日），温度又变为持续偏高。

这种极端冷暖转换，导致了什么样的结果呢？那里的土质变得非常疏松。

目前，我国最先进的风云四号卫星搭载了多种遥感仪器，可以从 3.6 万公里的高空，给沙尘拍照，监测沙尘天气的动向。

作为风云四号卫星总设计师的董瑶海，是团队里出了名的“抠细节的魔头”。每天试验结束后，他都会把所有的数据浏览一遍，寻找问题。几十年如一日，董瑶海练就了一双火眼金睛。对团队中的其他成员，他也要求很高，发现问题就追问，直到团队成员把问题解释得令他满意。

作为世界气象组织全球业务应用气象卫星序列成员、国际空间与重大灾害宪章值班卫星，我国风云卫星还为全球防灾减灾提供了不可替代的观测服务。截至 2021 年底，我国风云气象卫星家族全球用户已增至 121 个国家和地区。

治理前，山西朔州市右玉县的荒凉沙地

第二件法宝：给沙源地披上“定沙衣”。在我国西北、华北和东北建设了大型人工林业生态工程——享有“绿色长城”美誉的“三北”防护林。截至2020年，工程实施42年，累计造林保存面积3014万公顷，使大面积的“不毛之地”变成森林。这“定沙衣”减少了荒漠化和沙化土地面积，“妖风”就很难再刮起黄沙来啦。

右玉县小南山森林公园

第三件法宝："知未来"的预报预测。你们有没有发现，中国的天气预报越来越准了？这是因为在大数据时代，我国数值天气预报研发人员做出了巨大努力。数值天气模式置身于每秒计算几百万亿次的高性能计算机，可以预知1～10天内是否会有沙尘暴发生。更令人惊讶的是，王会军院士领衔的气候系统预测基础科学中心在综合考虑北极海冰、南极涛动、太平洋拉尼娜和大西洋海温等蓄积的预测信号后，可以提前1～3个月预测中国北方的沙尘暴状况呢。

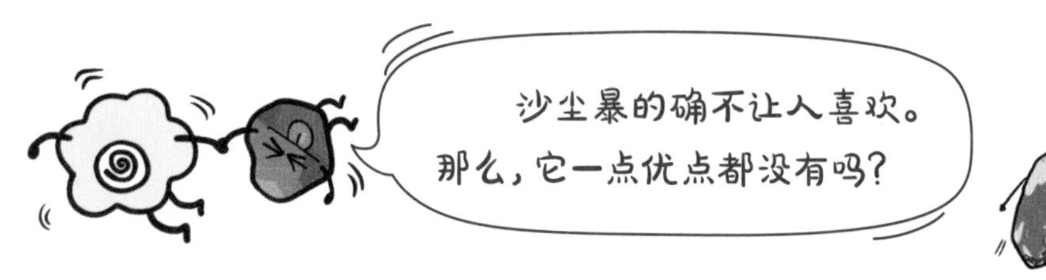

当然不是。任何事物都是一分为二的，沙尘暴也不例外。沙尘暴可是整个地球自然生态系统不可或缺的一部分。你们知道吗？我国四大高原之一的黄土高原的黄土层就是沙尘暴花费数百万年搬运来的；海洋浮游生物非常喜欢吃的铁和磷，往往也依靠沙尘暴"空运"而来；沙尘暴还经常向亚马孙热带雨林施肥，滋养着地球上最大的"绿肺"。

同学们，你们有没有一个办法告诉沙尘暴，什么时候，什么地点，也就是需要它的时候，来做好事呢？

为什么台风
总是在海上生成？

在地球上，有着各种各样的风。微风、和风、清风、热风、寒风、大风、狂风、暴风……这些风的名字我们都很熟悉。

可是有一种不是风的“风”，它出现时有的地方狂风暴雨，有的地方风轻云淡。它还有着140个好听的名字，比如木兰、紫檀、海棠、梅花、珊瑚……

没错，它就是台风。

小贴士

其实在2000年之前，台风是没有名字的，一般用编号来表示，比如9802号台风指的就是1998年第2个台风。1997年世界气象组织决定规范台风的命名。具体方法是事先制定一个命名表，一共有140个名字（世界气象组织所属的亚太地区14个国家和地区各提供10个名字），然后按照顺序循环重复使用这些名字。

台风多用温柔、平和的名字来命名，这背后饱含着人们的美好愿望，希望台风不要带来灾难。

这个命名并不是一直不变的。当某个台风造成重大经济损失和人员伤亡后，这个名字就会永远留给这个极具破坏性的台风。人们会再取新的名字加入命名表中。

小贴士

2016 年第 22 号台风“海马”因为给菲律宾造成严重灾害，被台风委员会除名，需要中国提交新的名字补上空缺。于是，中央气象台在社交平台上开展了“我给台风起名字”活动，希望更多人来了解台风、关注气象。最终，热心市民提交的“木兰”取代“海马”成为新台风名。

如果让你给台风起一个寓意美好愿景的名字，你会起什么呢？

台风是怎么来的呢？

“台风”是一种热带气旋，是生成于热带及其附近地区洋面，范围达上千千米的大旋风。

海水吸饱了来自太阳的热量后，会蒸发出大量水汽，往天上升。旁边的冷空气占据了它的位置，受热后也跟着往天上升。这些跑到天上的水汽会释放出巨大的热量，变成一个会旋转的气旋。气旋持续积攒能量、越转越快，当气旋中心的最大风速达到 8 级时，一个台风就形成了。不是什么地方都能够形成台风，只有当海水温度超过 26.5 摄氏度的地方才能为台风形成提供足够的能量。

台风

成熟台风的形状有点像银河系，大量的云团围绕着台风中心不停地旋转着。台风中心有时会形成清晰的台风眼，直径通常为 10～60 千米，这里常常无风也无雨，好像什么事情都没有发生的样子。围绕着台风眼，是高耸的云墙，高度可达 12 千米，这里狂风呼啸，大雨如注，天气最为恶劣。云墙外是不停旋转的螺旋云带。云带所过之处乌云蔽日，携风带雨。

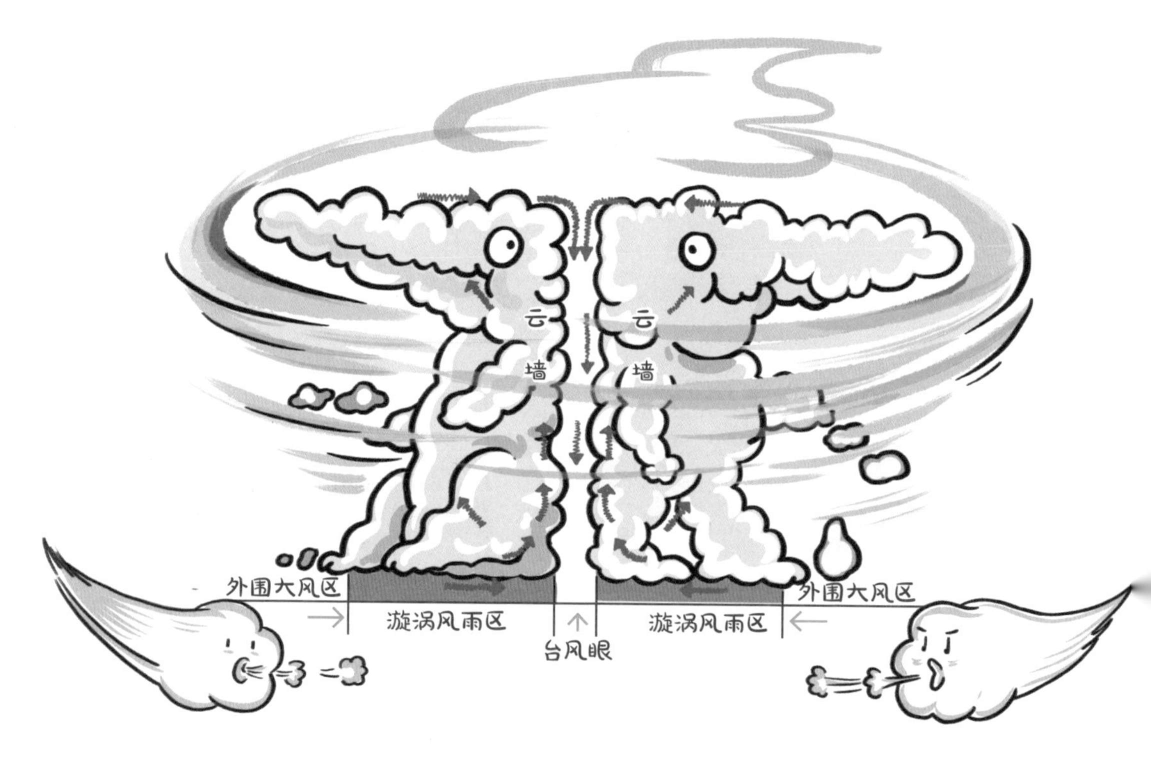

台风的生命史平均为 1 周左右，短的有 2～3 天，最长的可达 1 个月。当台风登陆以后，由于陆地的温度比较低，不能为它提供足够的能量，加上陆地的摩擦阻碍作用，台风就会逐渐减弱、消亡。

台风是个突发性强、破坏力大的家伙，伴随它而来的暴雨、强风和风暴潮（强风引起潮水猛涨、海堤溃决）等会造成巨大灾害。轻则导致航班取消、列车停运，重则摧毁建筑物，损坏农作物，还可能导致人员砸伤、溺水或触电。

小贴士

在不同的地区，热带气旋有不同的称呼。生成于西太平洋地区的热带气旋被称为“台风”，而生成于北大西洋地区的被称为“飓风”，生成于其他热带海洋的就直接称为“热带气旋”。

那么，台风是不是只会带来灾害，一点益处也没有呢？

其实并不是。每年夏天，南方不少地区都面临干旱的困境，台风带来的降雨是盛夏时节最重要的雨水来源。哗哗哗，下雨了！农作物可以正常生长啦！

台风还是热量的“搬运工”，它会把热带地区的热空气送走一部分。让热的地方降降温，给冷的地方送温暖。

我国是一个受台风影响严重的国家，平均每年夏天有7～8个台风登陆我国，造成巨大的财产损失和人员伤亡。

北方的同学们，可能想象不到台风的厉害，但是我国东南沿海地区可是经常遭遇台风的“拜访”呢！陈联寿院士的家乡浙江舟山就是其中之一。那里流行着一句话，叫作：“宁可十防九空，不能失防万一。”说的就是防台风这件事。可见台风的威力！

在陈联寿大学毕业前一年，他的家乡舟山又一次遭遇了台风的袭击。台风带来了强降雨，房屋被吹倒，古树被拦腰折断……

陈联寿在痛心之余，特别想为家乡做点贡献，他想：有没有什么办法可以提前抵御台风、降低损失呢？这种油然而生的使命感，使得他把自己的研究对象选定为台风。

丁一汇院士，也是一位对台风有“执念”的人。读大学时，他差点因为色弱从北京大学物理系退学。

别人建议他，可以学数学、外语或其他文科专业嘛，可他坚持要学物理系里的气象学专业。后来，系副主任谢义炳拿来几张天气图，指着上面的红线、绿线让丁一汇辨识。这种线不像测试色弱的图片那么杂乱无章，丁一汇顺利完成，谢义炳立即果断地批准他进入气象学专业学习。

1958 年五四青年节，也是北京大学的校庆日。“五四科学报告会”上，一位物理系研究台风的老教授的演讲，让丁一汇下定决心，做一个和暴雨、台风等自然灾害“赛跑”的人。

从 1971 年到 1975 年，几乎每年的台风季节，丁一汇都会来到福建，跟踪台风，同时进行总结。他在国内第一次建立了台风次级环流方程，并开展了三维台风的数值模拟试验。1979 年，丁一汇与陈联寿合著的《西太平洋台风概论》一书，是当时国内唯一一本专门论述西太平洋台风的专著，现已成为历史上承上启下的经典著作。

正是因为陈联寿院士、丁一汇院士等一大批气象科技工作者的研究，再加上越来越先进的雷达、气象卫星和多种气象观测站，我国已经构建起了台风预警监测体系，能够精准监视台风的一举一动。目前，我国的台风预报能力已经达到了世界先进水平。

得益于先进的台风监测和预报系统，在过去 30 年内，我国因台风致灾死亡（含失踪）人数降低了 90%。2014 年 7 月，超强台风“威马逊”登陆广东湛江，带来长达十多小时的狂风暴雨。但由于精准预报，湛江提前部署，创造了“零死亡”的防台风奇迹。

也许未来，台风真能做到人们想要的样子：在人们需要的时候来，驱高温、降甘霖，然后安安静静地离开。这才是一个“识时务”的台风该有的样子。你们觉得会有实现的一天吗？

地球会突然变成一个大冰球吗?

在漫漫历史长河中，地球气候曾经历多次巨大的变化。距今最近的一次冰河时期发生在18000年前，全球气候寒冷，大片土地被冰雪覆盖。冰河时期的严寒结束后，气温回暖，冰川融化，海平面逐渐上升。

但好景不长，在距今 13000 年前，气温又突然降低了。这次降温事件持续了上千年，由于喜好寒冷的植物仙女木在这时生长繁茂，就被称为“新仙女木”事件。“新仙女木”事件对地球上的生物影响巨大，猛犸、剑齿虎、美洲狮、披毛犀等动物在这一时期迅速灭绝。直到约 11500 年前，气温才稳定回升。

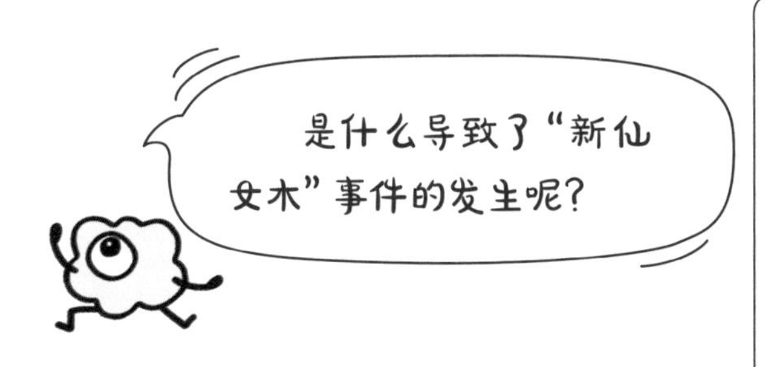

小贴士

大洋里的海水可不是静止不动的。由于不同区域海水的温度和盐度有差异，海水会按照一定的线路流动。温盐环流就像一条巨大的“传输带”，能够将赤道地区的热量输送到高纬度地区。

有一部分科学家提出，可能是温盐环流在作怪。

大西洋输送带是温盐环流的重要分支。这条“输送带”可以把低纬度地区的热量“输送”到寒冷的高纬度地区，但如果它的“运输”速度减弱甚至停止，北半球高纬度地区的气温就会越来越低。

历史上，“新仙女木”事件的开始对应着温盐环流的关闭，“新仙女木”事件的结束则伴随着温盐环流的开启。因此，科学家们认为，正是温盐环流的减弱和停止，导致了“新仙女木”事件的发生。

那么，这种全球性的突然变冷事件还会发生吗？

有一个坏消息！科学家们研究发现，大西洋输送带从19世纪就开始跑得慢了，到20世纪中期它再次减速——这是近千年来从未发生过的现象。

未来，温盐环流会再一次突然停止吗？

别怕，相较于杞人忧天，科学家们选择通过气候模式来“预知”未来。

气候模式和天气预报模式类似，但也有区别：天气预报模式主要考虑大气运动变化的情况，气候模式则复杂得多，要综合考虑地球五大圈层（大气圈、水圈、冰冻圈、岩石圈、生物圈）的状况及其相互作用过程。通过在超级计算机上进行运算，气候模式既能模拟过去的气候变化，又能预测未来全球的温度变化情况。

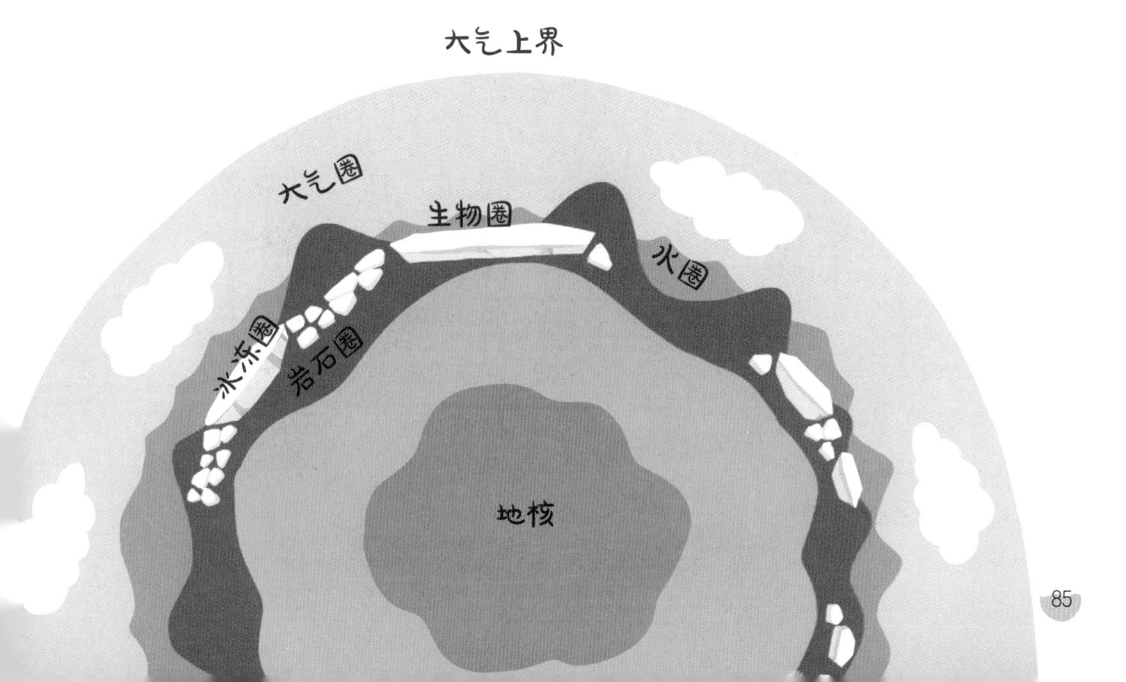

20 世纪 90 年代以来，我国在气候模式研发方面取得了飞速发展。但在发展的背后，还有一段辛酸往事。

1990 年，中国科学院的曾庆存院士等一批中国专家参加了世界气候大会。面对气候变化的问题，发达国家和发展中国家之间的矛盾异常激烈。发达国家提出，发展中国家在发展的过程中会使用很多能源，排放大量温室气体，所以必须要限制发展中国家的排放量。他们还提出了一些“研究成果”，试图证明这一要求的“合理性”。曾庆存他们没有想到，气候问题竟会变成政治问题，因此陷入被动，压力大到失眠。回国后，曾庆存立刻给国家科委（也就是现在的科技部）写了一封信，说：“人家打（打压）我们的东西，不研究不行。”

中国气候学家们开始大力研发气候模式，并积极参与 IPCC（联合国政府间气候变化专门委员会）的评估工作：

1992 年，IPCC 第一次评估报告的补充篇中，仅有中国科学院大气物理研究所的一个气候模式参与了评估；

2021～2022 年，IPCC 第六次进行气候变化科学评估时，来自中国的气候模式增加到了 10 多个，分别来自 9 家不同的机构。

在一次采访中，曾庆存提到科学家的精神应该是“为国、为民、为科学”。科学家要具有前瞻性和创造性，思考什么是对国家最有用的，积极探索新的道路。

2021 年，曾庆存参与和发起的、具有自主知识产权的国家重大科技基础设施“地球系统数值模拟装置”落成启用。利用这一装置，科学家们可以把地球“搬进”实验室，模拟地球的过去、现在和未来的气候变化。这也标志着我国在全球气候变化及其影响等问题上拥有了更大的话语权。

利用气候模式，科学家们究竟“预知”到了怎样的未来呢？结果还算乐观，21 世纪期间，大西洋输送带环流将很可能减弱，但是在 2100 年之前不会突然停止。

看到这里，你也许松了一口气。但面对可能到来的未来，我们必须采取行动。

曾庆存院士说：“我曾立志攀上大气科学的珠峰，但种种原因所限，没能登上顶峰，大概只在 8600 米处建立了一个营地，供后来者继续攀登。真诚地希望年轻人们勇于攀登，直达无限风光的顶峰。”你们看，曾庆存院士已经在高处建立“营地”，就等你们去勇攀高峰了！

人类
真的可以
呼风唤雨吗?

在一个烈日炎炎的夏日正午，姜子牙命令武吉将军建造一座三尺高的土台，并派人将棉袄和斗笠发到每个士兵的手里。

土台建好后，姜子牙拿着长剑来到土台之上，开始作法。瞬间狂风大作，吹得众人睁不开眼睛。大风连续刮了三天，后来竟下起了鹅毛大雪。待积雪渐深，姜子牙令云开日出，霎时积雪化水，汇入山谷。姜子牙再次施法，刮起寒风，竟将岐山冻成一座冰山。此时，纣王的军队被冻在冰中，捉拿起来如同囊中取物。

这是《封神演义》里姜子牙呼风唤“雪”、冰冻岐山的场景。

如果我们能有这等法力，农民就再也不用担心地里的禾苗因为干旱而收成不好，或者从天而降的大冰雹砸坏水果；当举行大型赛事时，也不用担心突然下起大雨；台风和暴雨可以被消除，人们的生命和财产安全也能得到保障……

实际上，通过科学的手段，我们也能在一定程度上“呼风唤雨”。

20世纪50年代中期，国际上已经开始研究人工降雨了。我国作为一个农业大国，从古至今都是“靠天吃饭”。如果我们能够掌握人工降雨技术，不就可以更好地为农业生产服务了吗?

我国的科学家钱学森和赵九章关注到了民生所需，他们提议：在我们国家搞人工降雨!

提到钱学森，我们都知道他是“两弹一星”元勋，领导团队造出了大火箭，却不知道他还指导学生们研制了“小火箭”。

1958年，中国科技大学的力学系成立了一个以学生为主的火箭研制小组。尽管小组初创，但同学们依旧对自己要求很高，经常熬夜做研究。

到了 1960 年，小火箭的研制已经较为成熟，有些同学就想研制大火箭。但钱学森并不赞同。

经过一番讨论，钱学森的建议终于使同学们心悦诚服。1960 年的暑假，火箭小组的组员兵分两路，一队人驻扎在北京八达岭长城附近的山地，进行人工降雨试验；另一队人前往甘肃省兰州市，以小火箭作为运载工具，进行人工消除冰雹的试验，取得了较好的成果。

此后不久，中国气象局等单位向火箭小组订购了大量人工降雨火箭，并在内蒙古、吉林、江西、云南等地进行相当规模的人工降雨。后来，就连国外的相关部门也来与他们交流，寻求合作。

当时，人工降雨火箭在世界范围内搞得最好、最成功的，是钱学森指导下的中国科大力学系火箭小组。可以说，正是由于钱学森的远见卓识和奖掖后进的育人精神，促成了火箭研制小组的成功。

不过，中国最早的人工降雨是在 1958 年的夏天。那一年，吉林省遭遇了 60 年不遇的干旱，极大影响了东北地区人民的生产和生活。在这十万火急的关头，吉林省气象部门通过人工降雨技术缓解了这次旱情。

1987 年黑龙江省大兴安岭大火

1987 年 5 月 6 日，一场森林大火在黑龙江省大兴安岭地区蔓延开来，火光几乎照亮了整片天空。

当时，除了发动消防队员到现场灭火，气象部门也接到命令，开始为人工降雨做准备。两架用于人工降雨的安 -26 型飞机停在军用机场上，负责人工降雨的技术人员和飞行人员，在飞机旁整装待命，等待时机。

5 月 25 日天亮后，人工降雨的条件已初步具备。人工降雨飞机和高炮先后开始降雨作业。终于，人们翘首以盼的奇迹到来了——下雨啦！

这场大火持续了 28 天，是新中国成立以来毁林面积最大、伤亡人数最多的特大森林火灾。其间，气象部门先后进行了 18 次人工降雨工作，对控制火情起到了帮助，减少了火灾造成的损失。

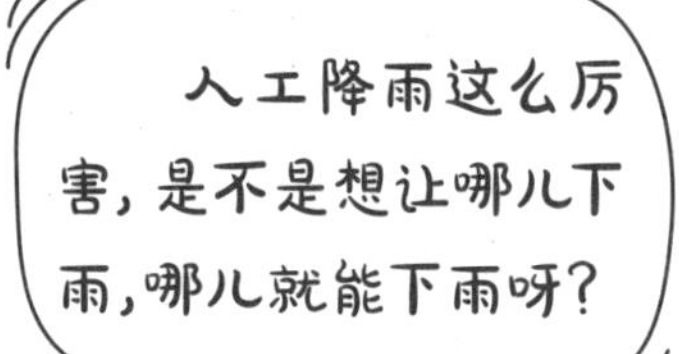

不是的。人工降雨技术的专业称呼其实是“人工增雨技术”，因为我们只能设法让降雨增加，并不能直接让万里无云的天空变得乌云密布，甚至下起大雨。

我们常能看到天上的云又黑又厚，但就是不下雨或者只有毛毛细雨。这是因为云里的水滴太小、太轻了，它们被上升的空气托着，很难掉落下来。

这个时候，如果我们向云中播撒一些“神奇的物质”，就可以让云里的小水滴变大。等到空气托不住的时候，这些水滴就会不断掉下来，形成降雨了。

这些“神奇的物质”，就是催化剂。

怎样才能将催化剂撒到云中去呢？

目前，科学家们常利用飞机、高炮、火箭将催化剂撒到云中，或者在地面布置燃烧炉。这些工具各有优劣，适用于不同的场所。

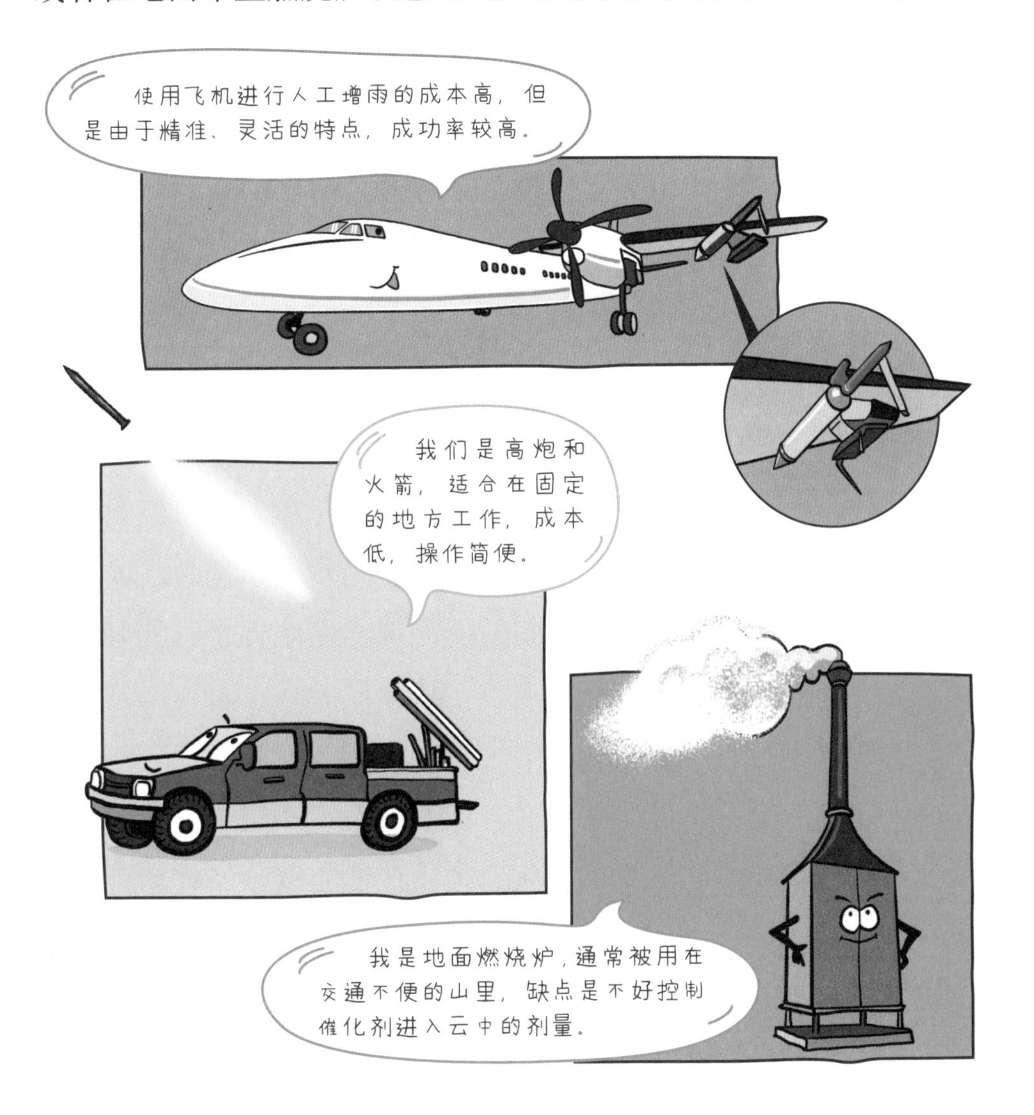

除了人工增雨，我还听说过人工消雨和人工防雹，这是怎么实现的呢？

人工消雨的方法和人工增雨一样，需要提前往云里播撒催化剂，催促云里的水滴赶快落下来。这项技术通常应用在重要的仪式或者活动上，比如国庆阅兵式等。

小贴士

冰雹是一种自然灾害，具有强大的杀伤力。它会砸坏庄稼，损坏房屋、汽车，甚至有可能砸伤人和动物。

人工防雹的原理和人工增雨类似。气象部门会向可能发生冰雹的区域播撒足够多的催化剂，促使云中形成更多水滴和冰粒。新形成的小水滴和冰粒会争抢云中的水分，冰雹就不会长那么大了，危害也会小很多。

尽管我们可以人工影响天气，但不能随心所欲，破坏自然界的平衡。在大自然的面前，人类是很渺小的，我们既要敢于和自然灾害做斗争，也要学会尊重大自然。

是人类让全球变暖的吗？

“哎呀，你是不是发烧了？”

听到这句话，我们下意识的反应都是摸摸额头，或是拿出体温计测体温。一般来说，腋下体温在 36～37 摄氏度这个范围内，我们会觉得舒服又健康。一旦体温超过 37.3 摄氏度就属于发烧——这是身体发出的警示信号，预示着我们可能生病了。

我们发烧了可以去医院治疗，地球如果“发烧”了，该怎么办呢？

为了探究“病因”，科学家们付出了不少努力。这里就不得不提到一个国际组织——联合国政府间气候变化专门委员会（IPCC）。

1988 年，IPCC 带着使命诞生了，主要任务包括：评估气候变化科学知识的现状，评估气候变化对社会、经济的潜在影响，评估适应和减缓气候变化的可能对策。从建立到 2022 年，IPCC 已经发布了 6 次评估报告。这些评估报告的结论可以帮助我们更好地认识和应对气候变化。

其中，中国工程院院士丁一汇、中国科学院院士秦大河、中国气象科学研究院翟盘茂研究员分别担任了第三次评估、第四次和第五次评估、第六次评估第一工作组联合主席。越来越多的中国作者加入了IPCC评估报告的作者队伍，他们把中国科学家的成果分享到国际上，同时也及时把国际上最新的动态带回国内。

从1980年以来，每一个10年都比前一个10年更暖和。2015年至2021年，是自1850年有仪器观测记录以来最热的7年。

与工业化前相比，现在地球的平均气温升高了大约1.1摄氏度，这可是6500年以来的最高温!

中国气象局原局长邹竞蒙担任世界气象组织主席期间，推动了 IPCC 的建立。他也是第一个当选联合国专门机构主席的中国人。邹竞蒙的父亲是中国著名记者、出版家邹韬奋，被评为 100 位为新中国成立做出突出贡献的英雄模范之一。

父亲病逝后，邹竞蒙在周恩来的安排下，辗转来到延安，服从组织的安排开始学习气象。邹竞蒙 16 岁的时候，参与组建了中国共产党历史上第一个气象台——延安气象台。

建立自己的气象台，不只是为了预报天气。邹竞蒙说：“党中央在小米加步枪的战争年代，就高瞻远瞩，看到了军队未来的现代化，看到了将来的陆军、空军、海军和经济建设都需要气象保障。”那之后，邹竞蒙意识到了自己肩负责任的重大。

虽然条件艰苦，但邹竞蒙和中国早期的气象工作者们都有着强烈的信念感。他们热爱祖国，在自己的岗位上潜心工作，正是他们的付出，为中国的气象学事业奠定了基础。

说回正题，从 IPCC 发布的气候变化评估报告中，科学家们逐渐找到了气候变暖的罪魁祸首——人类活动排放的二氧化碳等温室气体。

大气中本身就有一定量的温室气体，它们就像包裹在地球表面的一件“保暖外套”。如果没有温室气体产生的温室效应，地球表面的平均温度将只有零下18摄氏度！所以，没有温室气体不行，多了也不行。

工业化以来，人类活动燃烧了大量煤炭、石油等化石燃料，向大气中排放了大量的二氧化碳。如今，大气中二氧化碳的浓度已经达到过去200万年以来的最高水平。可怕的是，二氧化碳这种温室气体还很“长寿”，一旦排放到大气中，就能够影响地球近百年的温度。

如果温室气体的排放量继续增加，未来全球气候将持续变暖，地球将变得越来越热。而且，就像我们发烧时会打喷嚏、流鼻涕一样，地球的“发烧”症状也很严重。

小贴士

温室气体包括二氧化碳、甲烷、氧化亚氮等，它们就像温室一样，能够截留太阳辐射，并加热空气。温室气体使地球变得更温暖的影响称为温室效应。

比如，高温“炙烤”和特大暴雨等极端天气事件将越来越频繁；北极地区气温升高会导致海冰范围缩小，北极熊恐怕要失去赖以生存的家园；全球海平面持续上升，沿海城市将会遭受毁灭性的打击。

2016 年 12 月 22 日，我国成功发射了首颗全球二氧化碳监测科学实验卫星（简称“碳卫星”），它能够分辨出地球上两个相隔较远的小区排放二氧化碳的差别。不过，这些原始信息还要经过科学家的处理和计算，才能把二氧化碳浓度信息发布出来。

有了这些信息，科学家们可以做很多事情。比如，计算大气二氧化碳究竟在什么地方、什么时间，排放出多少量、吸收了多少量、留在空气中多少量，以及留在空气中的二氧化碳都传输到哪儿去了……根据信息，科学家才可以清晰地掌握碳排放的情况，制定减排政策措施，应对全球气候变化。

同学们，要缓解全球变暖，就需要全世界共同努力，大幅度减少温室气体的排放。你们也可以通过改变生活方式，减少温室气体的排放：节约每一滴水、每一度电、每一张纸，践行绿色消费、绿色出行理念等。行动起来，从点滴做起，你们也能成为保护地球的绿色卫士！

大气是怎样变脏的?

如果让你画一画窗外的天空，你会选择用哪种颜色的画笔？也许你会说，当然是蓝色啦！

同样的问题，如果你去问 1952 年冬天住在英国伦敦的人们，大概会得到一个意想不到的答案——黑色。

那时的伦敦，天空总是黑沉沉的，几乎透不过光，白天也如同黑夜一般。走在街上，数米之外就什么都看不清了。在此期间，大量伦敦市民开始出现健康问题，有哮喘、咳嗽症状的病人明显增多，死亡率陡增。英国卫生部在1953年的一份报告中称，有3500～4000人死于那场烟雾，死亡率约是平时的3倍。这就是臭名昭著的“伦敦烟雾事件”，它也是20世纪全球十大环境公害事件之一。

“伦敦烟雾事件”的元凶，是大量粉尘和二氧化硫。这些由工厂排放、居民燃煤取暖产生的污染物在空气中弥漫，在大雾及静稳的气象条件下，它们就会形成刺激性较强的酸雾。这样的空气，只要吸入一口就让人感到窒息！

“伦敦烟雾事件”让人们认识到大气变脏之后的严重后果。我们现在常说的霾污染，也是大气变脏的一种表现。

我们用肉眼可看不到 PM2.5，20 个 PM2.5 并排站在一起，才有一根头发那么粗。但它们可以吸收和散射光线，当大气中含有大量 PM2.5 时，就会导致能见度降低，空气看起来就“脏脏”的了。

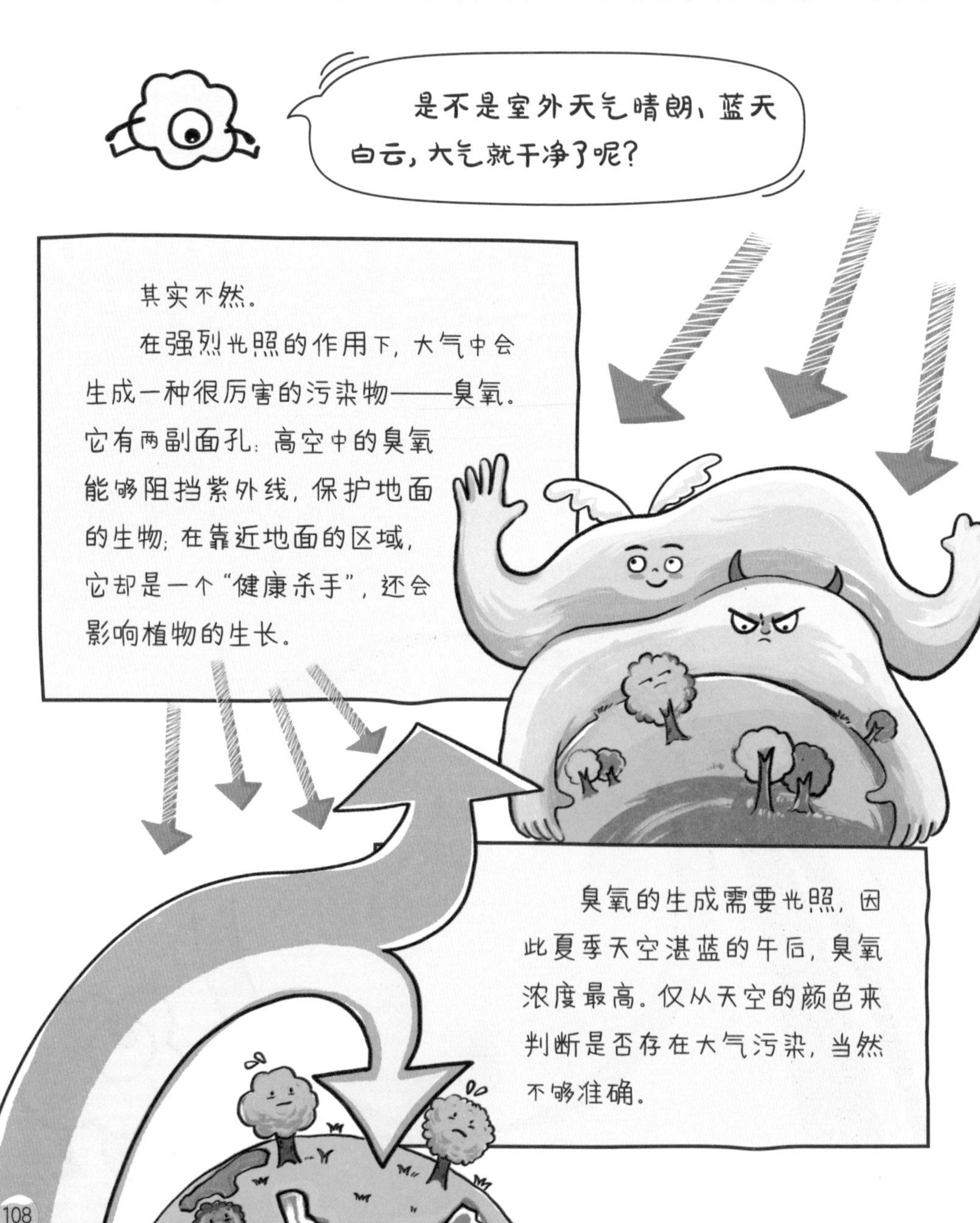

没想到，大气中竟有这么多“健康杀手”！世界卫生组织在报告中提到：环境空气污染会导致中风、心脏病、肺癌等疾病的发生。2016 年，室内外环境空气污染导致全球约 700 万人死亡。

科学家们发现，这些“健康杀手”大多数是在人类工业生产、交通运输、农业生产等过程中产生的；小部分则来自沙尘暴、火山喷发、森林火灾等自然事件。

18 世纪 60 年代之前，大气中的污染物还没有这么多。作为一个爱清洁的好宝宝，大气通过自净作用，可以将污染物浓度降低到无害的程度。但工业革命之后，人类排放的有害物质实在太多了，大气怎么也“洗”不干净，就变得越来越脏了。

在城市化和经济社会发展过程中，我国也出现了大气污染问题。为了让人们呼吸到干净的空气，科学家和环保工作者付出了艰苦卓绝的努力。我国著名的科学家唐孝炎院士，一生执着于探寻大气的奥秘。她用敢为人先的勇气和数十年如一日的坚守，实现了对祖国蓝天的守护。

一开始，唐孝炎学的是化学。因为国家急需研究环境保护方面的人才，42 岁的唐孝炎主动从放射化学的研究转向环境化学方向，从此走上了环境保护之路。

1974 年，有人向唐孝炎反映：每到夏季，甘肃省兰州市西固石化地区就会出现不明空气污染。那个时候，唐孝炎作为国内环境化学专业的负责人，就应下了这个项目，开始研究污染原因。

通过分析，唐孝炎怀疑这可能是光化学污染。那时，国内相关领域的研究

还是一片空白，唐孝炎和同事们白手起家，在艰难的条件下寻找监测方法、开展实地测量，发现了当地存在光化学烟雾污染的直接证据。之后，他们还在北京大学建造了我国第一个室内光化学烟雾模拟装置，开发了最早的可以描述空气二次污染的工具。

经过近 5 年的探索，唐孝炎的团队揪出了西固地区空气污染的“病因”——石油化工和电厂的排放。后来，唐孝炎制定的控制对策被当地政府采纳和实施，显著减轻了光化学烟雾造成的污染。

21 世纪初，北京申奥成功后，环境污染问题也备受热议。部分外国媒体大做文章，甚至有耸人听闻的报道说“在北京跑步能咳出黑痰”。一时之间，人们开始质疑：北京的空气质量，能否达到奥运会的比赛标准？为保障奥运会期间的空气质量，唐孝炎带领团队开展研究，提出了区域联防联控的控制策略。事实上，在举办 2008 年北京奥运会的 16 天里，北京市空气质量天天达标，达到一级“优”的天数占 50%。

2022 年初，“双奥之城”北京再次给世界交上了一份令人满意的答卷，得到国际国内社会一致好评。

除了做研究，唐孝炎还是北京大学的优秀教师。创建环境化学专业的初期，她和团队克服重重困难，一切从零开始。在较短的时间内，唐孝炎编写了适用于环境分析化学专业的整套教材讲义，建立了教学实验室，创建了我国最早的环境化学类专业。

如今，唐孝炎已是桃李满天下，她的学生们也带着满腹学识走入各所院校，为祖国培育年轻人才，推动大气环境化学学科的发展。为了表彰她为推动我国环境关键问题研究、政府重大环境决策以及环境科学教育事业做出的卓越贡献，2022 年，唐孝炎被授予“环境化学终身成就奖”。

同学们，治理大气污染是一场持久战，非一朝一夕可以实现。事实上，人们对大气的了解还远远不够，“蓝天保卫战”需要每一个人的参与。来吧，让我们一起守护祖国的蓝天白云！

地球最大的
淡水库在哪里?

同学们，如果你们感到口渴，可以选择白开水、果汁、奶茶等各种各样的饮品。然而，在你们畅快痛饮的同时，还有一些人面临着缺水和没有干净水源的问题。

据统计，在全世界范围内，有近三分之一的人生活在“高度缺水”的国家。其中 17 个国家中的 17 亿人生活在“极度缺水”的地方。

地球是一个“水球”，为什么还缺水呢？

虽然地球表面约有 70.8% 的面积被水覆盖，但这些水中有 98% 是存储在海洋中的咸水，可供人畜饮用的淡水只有 3000 万立方千米。其中，能够被人类直接利用的淡水资源更是微乎其微，88% 的淡水都被冻结在了山地冰川和极地冰盖中——它们是地球上最大的淡水库。

别看冰川的名字里有个“冰”字，它和我们常见的由水冻结而成的冰可不一样。

形成冰川的“原材料”是从天上落下来的雪。在极地和高山这些温度特别低的地方，雪落到地面后并不会完全融化，而是堆积形成厚厚的积雪。经过成千上万年的堆积和挤压，这些积雪就会变成冰川冰。当冰川冰沿着山坡缓慢流动时，就形成了冰川。

全球冰川的面积有 1600 多万平方千米，约占地球陆地总面积的 11%。根据不同的情况，这些冰川又被赋予了新的名字。

比如，由于两极地区的气温过于寒冷，冰川几乎覆盖了整个极地，如同两个晶莹剔透的“冰帽子”，它们就被称为大陆冰盖。而在中、低纬度的高山区，冰川则被称为山地冰川。我们熟知的青藏高原，就是山地冰川最集中的地区之一。

我知道，青藏高原是“世界屋脊”，它是地球上海拔最高的高原。

除了“世界屋脊”，青藏高原还有另一个称号——“亚洲水塔”（水塔就是搭建在高处用来存水的装置），分布广泛的山地冰川就是这座“水塔”最主要的水源。

青藏高原地区的冰川总面积约有 4.9 万平方千米，是除南北极以外最大的冰川聚集区。每年的夏季，随着气温上升，冰川开始消融，产生冰川融水。这些融水就形成了河流的源头。青藏高原不仅是长江、黄河的发源地，也是澜沧江、怒江、雅鲁藏布江、恒河、印度河、塔里木河等河流的发源地。这些河流从青藏高原出发，朝着大海的方向流淌。途中，它们滋润沿岸的土地，养育一方子民，也见证了一个个文明的崛起。

如今，我们正在经历“全球变暖”。对冰川来说，这可不是一个好消息。

冰川融化的直接后果就是海平面上升，有些小岛国很可能被海水淹没。如果青藏高原上大部分的冰川消失殆尽，将会直接影响亚洲各地的淡水供应。

不仅如此，冰盖融化后大量的淡水进入海洋，会导致海水没有那么“咸”了。这可不是小事，海水的咸度会对全球的气候、环境产生意想不到的影响，甚至可能导致严重的灾害性天气。因此，尽管冰川看似与我们相距千万里，它的变化却与我们的生存息息相关。

中国高度重视对极地冰盖和高原地区的研究。我国的科学家们有着勇攀高峰、敢为人先的创新精神，为极地科学研究做出了很大贡献。

1989年，秦大河院士参加了由6名不同国籍科学家组成的科考探险队。经过7个多月的艰苦跋涉，科考队冒着严寒和风暴，徒步行进5968千米，实现了人类历史上首次不借助机械手段徒步横穿南极大陆的壮举。秦大河也成为中国徒步横穿南极的第一人。

在这次科考过程中，秦大河共采得800多个珍贵的雪样。为了能多带回一些雪样，他宁可丢掉自己的备用衣物。因为在他心里，“雪样如同生命一般重要”。

早在小学六年级时，秦大河就在一篇题为《长大要做探险家》的作文里写道：“我要让我的脚印，印遍地球上的任何角落。”高中毕业后，秦大河进入了兰州大学地质地理系。在学习期间，他对冰川研究产生了浓厚的兴趣，并希望将自己的一生奉献给冰川学研究。

可是，生活并不总是一帆风顺。秦大河毕业后，被分配到一所中学担任老师。直到 1974 年，他才大着胆子来到中国科学院兰州冰川冻土研究所，见到了中国当代冰川学的奠基人谢自楚。两人越聊越投机，最后，谢自楚感慨地说：“现在根本没有人想搞冰川，都认为干这行太苦，你却自己找上门来，我真高兴！”

1978 年 5 月，31 岁的秦大河在毛遂自荐后，终于如愿加入了中国科学院兰州冰川冻土研究所，一头扎入了冰川研究之中。

在科学领域，再多的艰辛都是值得的。因为研究冰川不仅是为了守护地球上的淡水资源，更是为了守护人类美好的明天。

地球上为什么有春夏秋冬？

孟浩然在《春晓》中写道“春眠不觉晓，处处闻啼鸟”；白居易在《观刈麦》中写道“力尽不知热，但惜夏日长”；曹操在《观沧海》中写道“秋风萧瑟，洪波涌起”；李白在《夜坐吟》中写道“冬夜夜寒觉夜长，沉吟久坐坐北堂”。从这些耳熟能详的古诗中，我们可以看出，从古代开始，我国就已经明确地有了四季的概念。

那么，四季是如何产生的呢？

有人认为，地球夏季离太阳近，所以温度高；冬季离太阳远，所以温度低。

这种观点是错误的。四季的产生，主要是因为一个“角”。

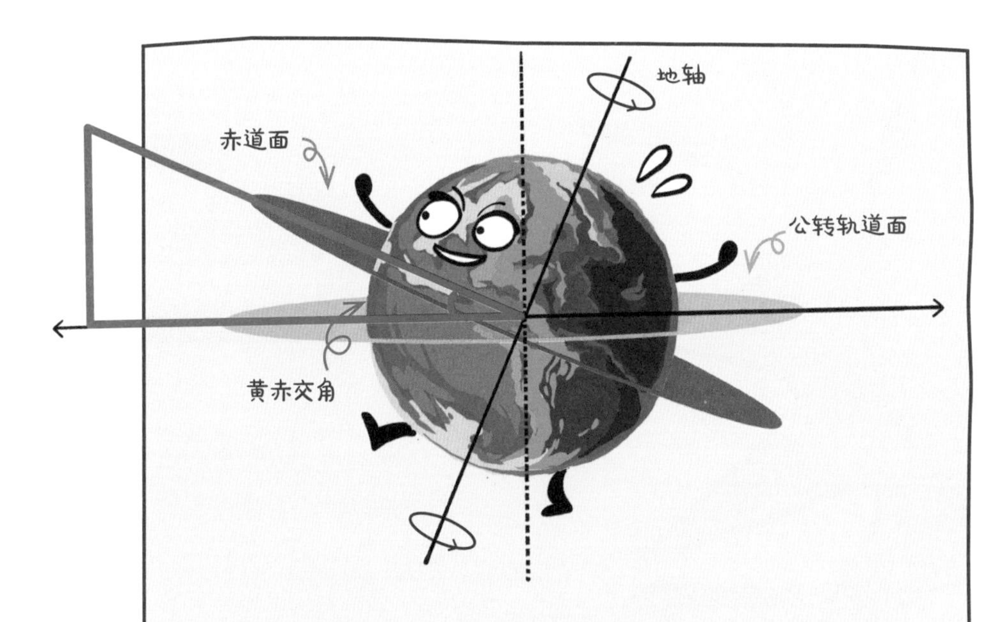

地球就像一个芭蕾舞舞者，特别喜欢转圈圈。地球的公转指的是围绕着太阳转动，自转指的是围绕地轴转动。

按理说，太阳永远只能照亮一半的地球，所以地球上各处都应该昼夜等长。但地轴是倾斜的，这就导致地球的公转轨道面（又叫黄道面）与地球的赤道面之间形成一个“角”，这个倾斜的角度被称作“黄赤交角”。

由于黄赤交角的存在，地球公转时，太阳在地球上的直射点会不断发生变化，地球上各处接收到的热量不断变化，从而产生了四季。

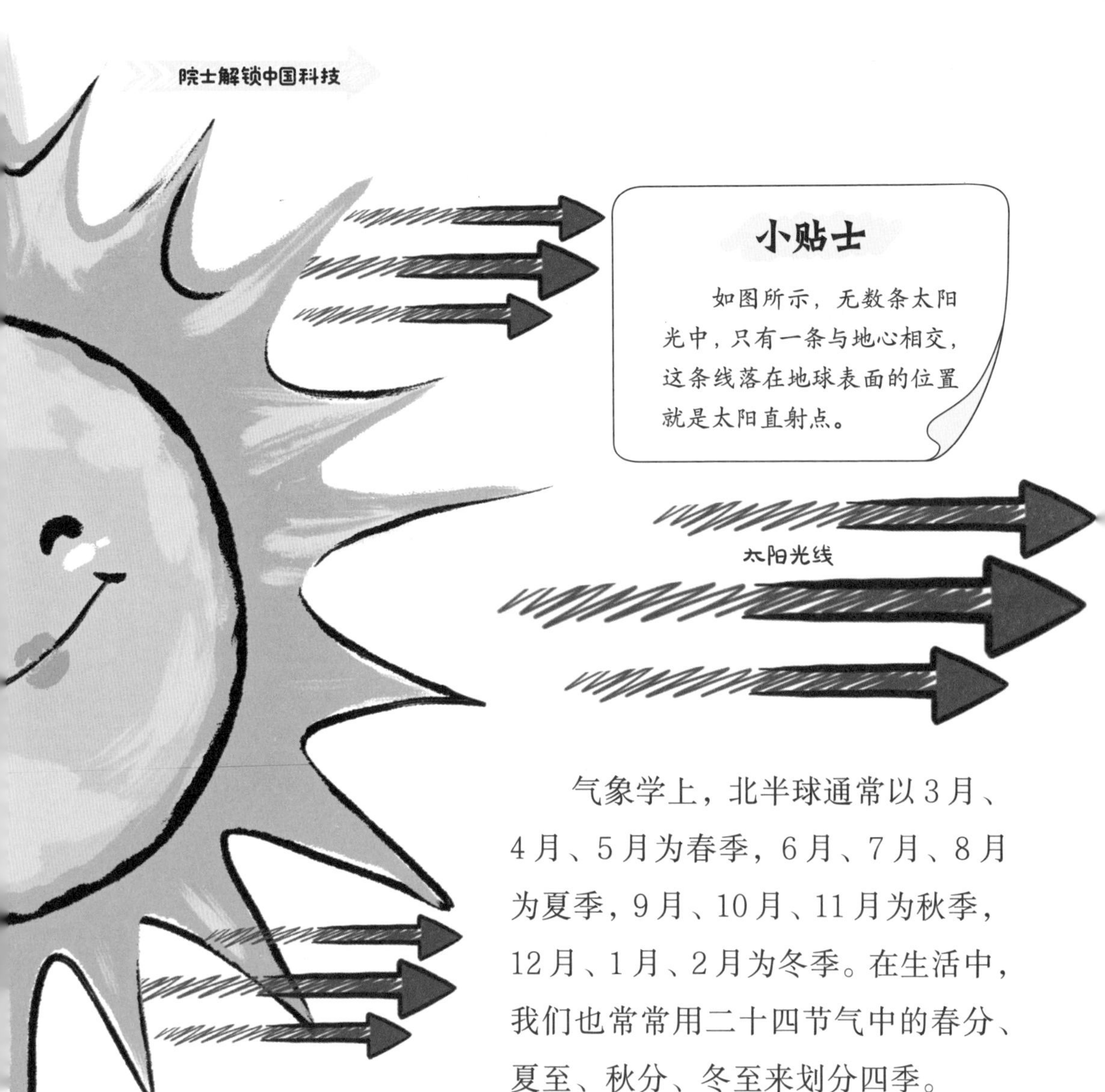

气象学上，北半球通常以 3 月、4 月、5 月为春季，6 月、7 月、8 月为夏季，9 月、10 月、11 月为秋季，12 月、1 月、2 月为冬季。在生活中，我们也常常用二十四节气中的春分、夏至、秋分、冬至来划分四季。

用我们居住的北半球来举例吧！

北半球的春分是 3 月 21 日前后，这一天太阳直射在赤道上，全球昼夜平分，此后太阳直射点不断向北移动。夏至约在 6 月 22 日前后，太阳直射在北回归线（北纬 23.5 度）上，北半球的这一天白天最长、黑夜最短，接收到的太阳热量最多，此后太阳直射点开始向南移动。

9月23日左右是秋分，全球再一次昼夜平分，此后太阳直射点继续向南移动。12月22日左右就到了冬至。这一天，太阳直射南回归线（南纬23.5度），北半球在这一天白天最短、黑夜最长，接收到的太阳热量最少，因而天气较为寒冷，此后太阳直射点开始向北移动。

如此循环往复，年复一年。

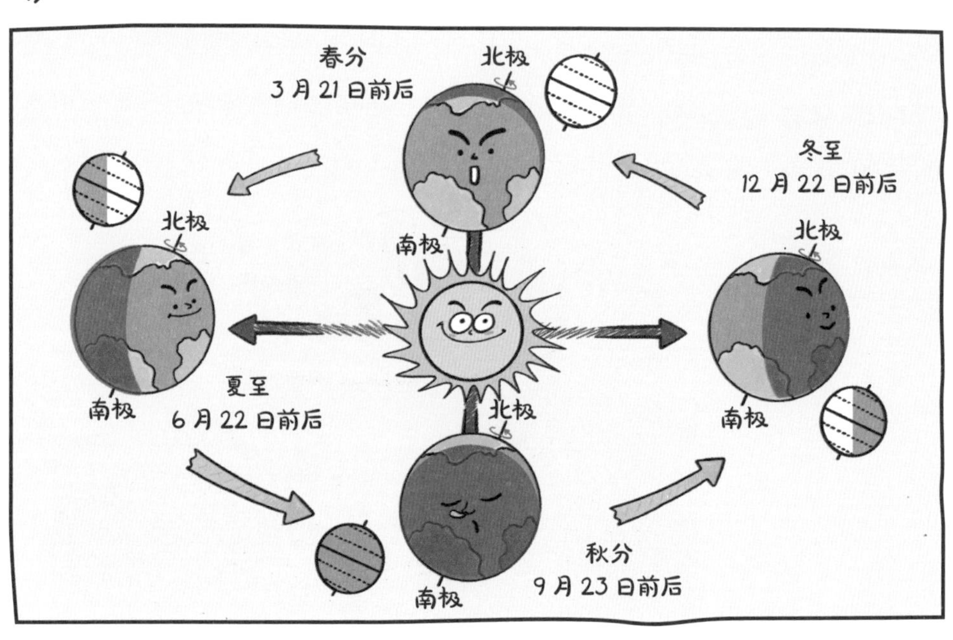

所有地方都是四季分明吗？

小贴士

通常情况下，海拔越高，气温越低。

并不是，我国的一些地区就有特别的季节特征。

比如，云南昆明四季如春，有着“春城”的美誉。这是因为昆明位于云贵高原，海拔较高，所以夏季较为凉爽；而在冬季，北部的山脉阻挡了冷空气南下，就相对温暖。

新疆吐鲁番盆地是我国最热的地方，全年有100多天的气温超过了35摄氏度，地表最高温度可达89摄氏度。那里远离海洋、日照时间长，因而气候炎热干燥。再加上植被稀少、山地大面积裸露，这片沙漠就成了一个“大蒸笼”，导致热空气不易散失。

海南岛全年温暖湿润，没有冬天，这一气候特点的秘密就藏在它的名字里。海南岛四面临海，降雨充沛，所以全年气候湿润；而海南岛又位于我国陆地的最南端，距离赤道最近，得到的太阳热量最多，自然就更热了。

我国著名气象学家、中国科学院院士竺可桢在《大自然的语言》中提到，我们可以通过“物候观测”了解四季，理解四季变化的重要意义。

竺可桢是中国物候学的创始人和中国气象学的奠基者。他在美国哈佛大学获得气象学博士学位后，毅然决然回到祖国，开创了我国的气象教育事业。

说起竺可桢，很多人都会想起一支经常插在他外衣左侧口袋里的温度表。每天早上，他都会把这支温度表放在院子里，然后做早操。做完早操后，他再把温度表拿回屋里记录气温。

由于这支温度表经常从口袋里拿出来又放回去，与衣服不断摩擦，口袋总是不久就磨坏了。所以每次做衣服时，竺可桢的夫人都会请工匠多准备一片口袋盖布，留着拆换。

竺可桢一直坚持为大自然写日记，一记就记了50多年。1974年2月6日凌晨，84岁高龄的竺可桢坐在病床上，戴着眼镜，借着昏黄的灯光，哆哆嗦嗦地写下了最后一篇日记："气温最高零下1摄氏度，最低零下7摄氏度，东风一至二级，晴转多云。"第二天，竺可桢就与世长辞了。但是，他这种一丝不苟的治学态度和坚持不懈的精神，却永远地留存了下来。

在竺可桢的研究成果中，有一条特别著名的线——"竺可桢曲线"。他通过阅读《四库全书》等古代典籍，将中国近5000年以来的朝代更迭与气候变化联系在了一起。这条线的出现轰动了全世界！人们没有想到，气候变化在一定程度上影响了历史进程。适宜的气候，为繁荣发展创造了有利的条件；低温时期灾害频繁出现，导致战乱发生，从而改朝换代。

虽然四季的交替，同学们早已经司空见惯，但只要你们留心观察，就会看到春花绽放、夏日荷塘、秋风落叶和冬雪飘扬。我们的生活，不就是由这样一个个美好的日子组成的吗？

地球以外，
还有适合我们
居住的地方吗？

电影《流浪地球》描绘了这样一个故事：2075 年，太阳系即将毁灭，如果坐以待毙，全人类都将灭亡。于是，人类开启了“流浪地球”计划，在地球的一侧安装上万座发动机和转向发动机，推动地球离开太阳系，前往新的家园。

可怕的是，根据目前的观测与科学研究，确实与《流浪地球》中描述的一样：太阳在不断膨胀、不断变亮。

我们的地球之所以宜居，主要原因就是地球与太阳之间的距离刚刚好，基本处于太阳系宜居带的中心。但是，当太阳亮度达到一定程度时，地球将会因为过热而变成一个“火球”，不再适宜生命存在。

还好，距离这一天的到来可能还有几十亿年，我们有充足的时间来考虑可以做些什么。

当地球不再适宜人类生存时，我们能不能像《流浪地球》中描绘的那样，带着地球逃离呢？

实际上，《流浪地球》给出的解决办法不太现实。

目前，人类已经能够向其他行星发射探测器，等将来条件成熟，人类还可以乘坐飞船到达其他行星。因此，找到新的宜居星球，实现全人类迁徙，这种方案显然更加可行。

小贴士

行星通常指自身不发光，环绕着恒星运转的天体。

宜居星球必须具备和地球类似的气候和环境条件，才能保证人类的生存：

首先，这个星球上要有两种非常关键的物质——氧气和液态水；

其次，这个星球要有稳定的大气层，除了充足的氧气，大气中还要有足够的二氧化碳，为植物的光合作用提供“食物”；

最后，这个星球表面的环境温度要适宜。

怎样寻找宜居的星球？是不是越近越好？

在太阳系中，距离我们最近的两颗行星分别是金星和火星。我们一起看看那里的情况吧！

金星距离太阳过近，大气中有大量二氧化碳，因此温室效应过于强烈，表面温度接近 500 摄氏度。这么高的气温下，当然不可能有液态水了。

火星则太冷了，平均环境温度为零下 60 摄氏度。所以，火星表面也没有液态水，仅在两极地区有冰的存在。最重要的是，火星的大气中几乎没有氧气，人类根本无法呼吸。

既然太阳系中的星球都不适宜人类居住，在太阳系外有没有合适的新家园呢？

在已经发现的 5000 多颗系外行星中，有 10～20 颗可能是宜居行星。目前，科学家们还发现了很多“超级地球”，其中最知名的就是开普勒 -438b。

小贴士

“超级地球”指的是和地球相似，但质量是地球的几倍至十倍的行星。

开普勒-438b与地球的相似度特别高。它和地球一样都是岩质行星，且体积仅为地球的1.2倍。而且，它像地球一样围绕着一个“太阳”（红矮星）旋转，距离不远不近，所以接收到的光照条件与地球类似。这意味着，开普勒-438b上的温度适宜，并且可能有稳定的液态水。

遗憾的是，最新的观测资料告诉我们，开普勒-438b的大气层被严重破坏了。没有了这层保护壳，那里必然是一片不毛之地，无法成为人类的新家园。

系外行星距离我们那么远，科学家们怎样研究上面的气候呢？

小贴士

岩质行星，指以硅酸盐岩石为主要成分的行星，又叫“岩石行星”。

全靠这种厉害的工具——气候模式。

简单来说，就是在超级计算机中模拟星球上大气的运动和变化。你可以想象一下，在计算机里存在着一个“数字化星球”，科学家只要输入一些信息、按下按钮，就能预知这个“星球”上的气候变化。

北京大学的胡永云教授及其科研团队利用气候模式，开展了一系列行星宜居性方面的研究。他们证明了海洋热量传输会对

行星上的气候产生重要影响，从而影响行星的宜居性。这项研究成果，能够为寻找适宜人类居住的地外行星提供帮助。

在学生们眼中，胡永云是一名出色的老师。但他们可能不知道，学生时代的胡永云也是一名刻苦用功的学生。

在芝加哥大学读博士时，胡永云每天都要在实验室里花费近14小时，所以他只用不到4年的时间就完成了博士论文。不过，如果按照每天学习的时间计算，胡永云4年学习的时间，可能比别人6年的都多。在胡永云看来，世界上聪明的人很多，“但聪明的人并不一定都能做出贡献，关键看有没有毅力坚持下来”。

芝加哥大学的大气科学研究曾经代表了全球的最高水平。胡永云在这里不仅学到了知识，还受到了芝加哥学派学术风格的熏陶。回到北京大学任教后，他也遵循着这样的精神进行研究——不停留在表面现象，而是去探寻其根本原因。

像胡永云一样，我国有越来越多的科学家将目光投向了远方，希望在浩瀚的宇宙中寻找适宜人类居住的行星。

比如，即将与“天宫空间站”在同一轨道飞行的新

朋友——巡天空间望远镜，就是一位“天体普查员”。它能够观测系外行星的大气成分，如果发现了与地球类似的行星，并在大气层中发现氧气、甲烷等，基本就可以确定该行星上有生命存在。

此外，一项名为“地球 2.0”的科学计划将于 2026 年启动，目标是找到适宜人类居住的行星。科学家们计划发射一个高精度天体测量空间望远镜，作为人类寻找宜居星球的“眼睛”。跟人眼相比，这双“眼睛”可谓“明察秋毫”，“相当于在地球上看向月球，分辨出放在月球上的一元硬币的边缘”。

看到这里，相信你也发现了，目前没有人能够回答“地球以外，还有适合我们居住的地方吗？”这个问题。但是，人类探索宇宙的脚步不会停止，为了寻找新的宜居家园，全世界的行星科学家都在孜孜不倦地进行探索。他们有着敢为人先的创新精神，站在科学的山巅眺望未来。

随着科技的进步与发展，总有一天我们会得到真正的答案——也许，你就能成为答案的书写者！